我国装配式住宅现状·问题·对策

——基于示范城市和市场主体调研

中国土木工程学会住宅工程指导工作委员会
亚太建设科技信息研究院有限公司 编著

中国建筑工业出版社

图书在版编目（CIP）数据

我国装配式住宅现状·问题·对策——基于示范城市和市场主体调研 / 中国土木工程学会住宅工程指导工作委员会，亚太建设科技信息研究院有限公司编著．—北京：中国建筑工业出版社，2019.7
ISBN 978-7-112-23760-9

Ⅰ.①我… Ⅱ.①中…②亚… Ⅲ.①住宅－装配式单元－居住建筑－研究－中国 Ⅳ.①TU241

中国版本图书馆CIP数据核字（2019）第095600号

责任编辑：周方圆 封 毅
书籍设计：锋尚设计
责任校对：王 瑞

我国装配式住宅现状·问题·对策——基于示范城市和市场主体调研
中国土木工程学会住宅工程指导工作委员会
亚太建设科技信息研究院有限公司 编著
*
中国建筑工业出版社出版、发行（北京海淀三里河路9号）
各地新华书店、建筑书店经销
北京锋尚制版有限公司制版
北京建筑工业印刷厂印刷
*
开本：787×1092毫米 1/16 印张：14¾ 字数：283千字
2019年8月第一版 2019年8月第一次印刷
定价：58.00元
ISBN 978-7-112-23760-9
（34078）

编委会

主 编 单 位 中国土木工程学会住宅工程指导工作委员会
亚太建设科技信息研究院有限公司

主　　　编 张　军　熊衍仁

副　主　编 陈昌新　胡　璧　王　琳　陈　永　温　禾　郑　丹

主要编写人员 郑　丹　张文慧　张一航　谭　斌　祖　巍　魏志鹏

参 编 单 位 上海建工汇福置业发展有限公司
南京天泰建设有限公司
北京住总集团有限责任公司
北京城建亚泰建设集团有限公司
北京城建二建设工程有限公司
宏润建设集团股份有限公司
浙江恒誉建设有限公司
南通华新建工集团有限公司
广东省第一建筑工程有限公司
南京建工集团有限公司
北京建工建筑产业化投资建设发展有限公司
威信广厦模块住宅工业有限公司
河南省第二建设集团有限公司
河南省土木建筑学会
哈尔滨市天昊房地产开发建设有限公司
北京六建集团有限责任公司

前 言

发展装配式建筑是贯彻绿色发展理念和实现建筑产业化的需要，是带动新兴产业的引擎。党中央、国务院高度重视装配式建筑的发展。2015年12月召开中央城市工作会议以来，我国装配式建筑进入全面发展期。《中共中央 国务院关于进一步加强城市规划建设管理工作的若干意见》（中发〔2016〕6号）提出，要发展新型建造方式，大力推广装配式建筑，力争用10年左右时间，使装配式建筑占新建建筑面积的比例达到30%。2016年9月27日国务院出台的《关于大力发展装配式建筑的指导意见》（国办发〔2016〕71号），成为继1999年72号文之后重要的“顶层设计”，显示出国家大力发展装配式建筑的决心。

随着顶层设计的逐步完善，各地积极落实党中央和国务院的决策部署，推进装配式住宅项目落地，新建装配式住宅规模不断壮大。然而，行业面临重“目标”轻“目的”、重“技术”轻“管理”、依赖传统路径等问题，亟须从全产业链视角出发，建立健全政策法规，处理好全面推进与重点发展、短期效能与长期效益、项目建设与能力构建等重要关系。

为配合住房城乡建设部相关工作部署，推动我国装配式住宅的发展和住宅产业目标的实现，为装配式住宅产业制度的完善提供支撑，中国土木工程学会住宅工程指导工作委员会和亚太建设科技信息研究院有限公司联合行业近20家具有代表性的市场主体，对装配式住宅发展的现状、问题及对策进行调查研究。课题组通过资料调研、专家访谈、座谈研讨、问卷调查、项目考察等多种形式，对示范城市和市场主体进行了调查，并基于此提出了促进我国装配式住宅健康发展的对策。

由于时间紧迫，难免存在疏漏之处，欢迎同行提出宝贵意见和建议。本书编写过程中得到了相关领导、专家学者、企业人士的支持，在此表示诚挚的感谢！

编委会

2019 年 7 月

目 录

下篇 · 对策篇

上篇
调查篇

示范城市专题调查

《国务院办公厅关于大力发展装配式建筑的指导意见》（国办发〔2016〕71号）明确了我国装配式建筑的重点推进地区为京津冀、长三角、珠三角三大城市群，积极推进地区为常住人口超过300万的其他城市，其余城市为鼓励推进地区。当前，以国家住宅产业现代化综合试点城市为代表的城市积极发挥政府引导作用，在全国产生了积极影响，具有较强的借鉴意义。

本专题调查选取了北京、上海、深圳、沈阳、济南、南京5个试点城市，通过专家访谈、会议研讨、问卷调查、现场调研等方式，对这些试点城市装配式住宅产业发展的现状和经验、面临的问题、发展的趋势以及相关案例进行了调查，反映了试点城市当地的发展情况及相关人员对该城市装配式住宅产业发展的观点。在此基础上，课题组对调研城市所面临的一系列问题和发展建议进行了梳理。

1 北京

1.1 产业发展及现状

北京市大力发展绿色建筑和住宅产业化。2014年，住房城乡建设部将北京市列入“国家住宅产业化综合试点城市”。截至2017年8月底，北京市在土地招拍挂环节已落实装配式建筑项目约360万m^2，占总出让面积的8成；保障性住房实施装配式建筑约237万m^2。

北京市装配式住宅产业的发展大致经历了三个阶段。

1.1.1 探索阶段

2006年，北京市建筑设计研究院（以下简称BIAD）和北京市榆树庄构件厂（以下简称榆构）联合开始了装配式住宅的探索与研发。BIAD负责设计研发，榆构负责构件生产及相关技术，同时还委托了清华大学、中冶京诚、中国建筑科学研究院、北京市建筑工程设计研究院等单位负责相关标准规范、核心技术、工艺工法和实验分析等工作。

2007年，在榆树庄构件厂区建设了一栋两层高的装配式剪力墙实验楼。同时并开始设计建造中粮万科假日风景B3、B4号工业化住宅，2009年竣工交付，被授予“北京市住宅产业化试点工程”称号，为后续工作打下了坚实的基础。

这期间确定了“等同现浇”的技术路线。采用承重保温装饰一体化的预制夹心复合外墙板，集承重、保温、装饰于一体，在工厂预制完成。通过工厂化预制，减少了现场支模、外墙保温和装饰工序，减少了现场浇筑量和人工投入，提高了劳动效率，优化了施工质量，有利于使用维护。门窗洞口高精度预留、精确安装、高性能防渗漏。采用结构防水、构造防水和材料防水相结合的外墙防水构造。同时采用了预制楼梯、土建和装修一体化的全装修方式，提供成品住宅，避免装修改造产生大量垃圾。

结合实际工程，建立了“开发商+设计院+预制构件厂+多家研发机构”的合作团队，形成了“全产业链”的研发平台。在国内没有先例、缺少标准规范的情况下，用“等同现浇”实现与现行结构标准体系的对接。

1.1.2 优化阶段

2009年，北京进入装配式住宅优化及完善阶段。2009年，中粮万科假日风景B3、B4号住宅竣工，并被授牌“北京市住宅产业化试点工程”，推动了相关建筑产业化促进政策、措施的制定。

本阶段装配式住宅预制墙体“等同现浇”，开始作为抗震结构构件。完善了“标准化设计”，初步形成标准化的节点、构件和部品体系，开始探索模数、模块、多样组合、功能可变的标准化设计，明确了发展装配式建筑要以提高质量和效益，减少人工和资源浪费为目标（所谓“两提两减”），为“绿色建筑工业化”确立了道路和方向，拓展了创新途径。研发了装配式结构外墙吊装、支撑；叠合楼板、阳台和空调板吊装、支撑；预制楼梯吊装、固定及成品保护；“灌浆套筒和灌浆料”等成套技术并实践应用。成套编制了4本北京市地方标准及配套图集，解决了装配式住宅“缺标准”的问题。

典型案例有：中粮万科假日风景D1、D8号工业化住宅、中粮万科长阳半岛1号地工业化住宅、北京市半步桥公租房、中粮万科长阳水碾屯等。

1.1.3 推广阶段

北京万科在2011年就开始在北方地区推广，建成了沈阳万科春河里、青岛即墨新城、大连万科城工业化住宅等试点项目，但规模不大，影响有限。

2013年，北京市装配式住宅进入体系成熟、全国推广阶段。2013年以后，随着中国建筑股份有限公司、北京市保障性住房投资中心等大型企业的介入，才真正实现了装配式剪力墙结构住宅的规模化推广应用。

这一阶段的装配式住宅涵盖了不同功能要求、不同抗震要求和多个气候区的住宅项目，装配式建筑技术的适应性进一步加强。逐步形成了“标准化”“模数化”“系列化”的标准构件和部品组合“标准模块”，“模块”组合建筑平面、空间和立面，多要素组合实现“建筑多样化”的设计方法。开始以构件为基本模块的“构件建模、BIM信息库建立、虚拟装配、设计协同、工程量计算”等装配式建筑的BIM应用尝试。尝试将装配式结构和装配式内装相结合，推进装配式建筑一体化系统集成。

这一阶段完成的典型案例有：北京住总万科回龙观工业化住宅，中粮万科长阳半岛5号、8号地工业化住宅，北京市马驹桥装配式公租房，沈阳万科春河里工业化住宅，长春万科柏翠园工业化住宅，青岛万科即墨工业化住宅，合肥市包河新区蜀山装配式保障房，合肥市滨湖新区润园装配式保障房等。

截至2016年12月，北京市纳入实施住宅产业化计划的项目累计超过1800万m^2，完成和在施的装配式剪力墙结构住宅约300万m^2，保障性住房实施绿色建筑行动和住宅产业化全覆盖，完成和在施的装配式装修公共租赁住房项目超过170万m^2，约2.9万套。已入部品目录的预制构件生产企业9家，产能64万m^3。

1.2 主要发展经验

1.2.1 加强政策推动力度

北京市人民政府办公厅发布《关于加快发展装配式建筑的实施意见》（京政办发〔2017〕8号）中提出了北京市装配式建筑发展的指导思想，树立和贯彻落实新发展理念，按照适用、经济、安全、绿色、美观的要求，推动建造方式创新，大力发展装配式混凝土建筑和钢结构建筑，在具备条件的项目中倡导采用现代木结构建筑，不断提高装配式建筑在新建建筑中的比例。坚持标准化设计、工厂化生产、装配化施工、一体化装修、信息化管理、智能化应用，充分发挥先进技术的引领作用，全面提升建设水平和工程质量，促进本市建筑产业转型升级。

该文件对北京市装配式建筑工作目标作出指示，到2018年，实现装配式建筑占新建建筑面积的比例达到20%以上，基本形成适应装配式建筑发展的政策和技术保障体系。到2020年，实现装配式建筑占新建建筑面积的比例达到30%以上，推动形成一批设计、施工、部品部件生产规模化企业，具有现代装配建造水平的工程总承包企业以及与之相适应的专业化技能队伍。

同时，规定对装配式混凝土建筑施行“双率”控制：装配率应不低于50%；且建筑高度在60m（含）以下时，其单体建筑预制率应不低于40%，建筑高度在60m以上时，其单体建筑预制率应不低于20%。

北京市陆续发布的一系列文件见表1-1-1。

北京市装配式建筑相关政策法规 **表1-1-1**

时间	政策	主要内容
2010年4月8日	《关于推进本市住宅产业化的指导意见》（京建发〔2017〕125号）	全面启动住宅产业化工作
2010年7月1日	北京市地方标准《建设工程临建房屋应用技术标准》DB11/T 093-2009	在临建房屋建设使用中，推荐优先选用标准化、定型化的整体箱式房屋和装配式箱式房屋
2011年11月9日	《北京市“十二五”时期民用建筑节能规划》（市建发〔2011〕408号）	将住宅产业化目标任务提升为建筑节能工作的一项约束性指标
2013年6月24日	《北京市发展绿色建筑推动生态城市建设实施方案》	推广适合工业化生产的预制装配式混凝土、钢结构等建筑体系，加快发展预制和装配技术，提高技术集成水平
2014年4月18日	《北京市大气污染防治重点科研工作方案（2014-2017年）》	推动装配式工业化住宅部品部件开发，提高预制化率，并重点在保障性住房建设中进行推广
2014年9月3日	《北京市绿色建筑适用技术推广目录（2014）》	本目录共推广绿色建筑适用技术项目55项，包含新型装配式产业化技术
2014年9月15日	《北京市工程质量专项治理两年行动工作方案》	推广适合工业化生产的预制装配式建筑体系，发展预制和装配技术，提高技术集成水平
2014年10月1日	《关于在本市保障性住房中实施绿色建筑行动的若干指导意见》	公租房项目应全面实施装配式装修，使用预制叠合楼板、预制楼梯、阳台板、空调板等预制构配件，按照《导则》实施绿色建筑行动
2014年12月1日	《北京市住房和城乡建设委员会关于加强装配式混凝土结构产业化住宅工程质量管理的通知》（市建法〔2014〕16号）	装配式混凝土结构产业化住宅技术体系应具有完备的设计、施工及验收标准
2015年10月28日	《北京市住房和城乡建设委员会关于实施保障性住房全装修成品交房若干规定的通知》（市建法〔2015〕18号）	大力推行住宅产业现代化，积极推进内装工业化装配式装修，鼓励支持应用管线与结构分离技术
2016年1月14日	《中共北京市委 北京市人民政府关于全面提升生态文明水平推进国际一流和谐宜居之都建设的实施意见》	大力推行生态设计和建筑产业现代化，发展适合本市的装配式混凝土结构和钢结构成套技术

续表

时间	政策	主要内容
2016年6月13日	《中共北京市委、北京市人民政府关于全面深化改革提升城市规划建设管理水平的意见》	大力推动新建建筑装配式建造，保障性住房和政府投资的民用建筑全部采用装配式建造，不断提高商品房开发项目装配式建造比例，积极发展钢结构建筑，推行结构装修一体化成品交房，到2020年实现装配式建筑占新建建筑的比例达到30%以上
2016年8月7日	《北京市“十三五”时期节能降耗及应对气候变化规划》	建民用建筑100%执行绿色建筑标准，新建政府投资的公益性建筑及大型公共建筑须达到绿色建筑二星级及以上标准，2020年绿色建筑面积占城镇民用建筑面积比例达到25%以上。大力推广装配式建造模式，2020年装配式建筑占当年新建建筑的比例达到30%以上
2017年2月22日	《北京市人民政府办公厅关于加快发展装配式建筑的实施意见》（京政办发〔2017〕8号）	到2018年，实现装配式建筑占新建建筑面积的比例达到20%以上，基本形成适应装配式建筑发展的政策和技术保障体系。到2020年，实现装配式建筑占新建建筑面积的比例达到30%以上，推动形成一批设计、施工、部品部件生产规模化企业，具有现代装配建造水平的工程总承包企业以及与之相适应的专业化技能队伍
2017年5月2日	《北京市工程质量安全提升行动工作方案》	一是进一步建立健全装配式建筑工程质量安全管理制度，完善适应装配式建筑的生产、施工、检测、验收等标准体系。 二是建设单位应严格按照实施装配式建筑的要求，组织有关单位配合施工单位编制装配式施工组织设计并进行专家论证，组织开展设计、施工、监理和采购等工程建设活动。 三是施工单位应针对装配式建筑的特点编制施工组织设计和专项施工方案，完善施工工艺和工法，优化质量管理措施，健全质量保证体系，加强关键岗位人员的技能培训，全面提高装配施工、安全防护、质量检验、组织管理的能力和水平。 四是监理单位应针对装配式建筑的特点编制监理规划和专项监理细则，加强对预制构件生产和安装质量监理，提升现场管理水平。 五是积极开展装配式建筑项目工程总承包试点，支持大型设计、施工和部品部件生产企业通向工程总承包企业转型，力争打造一批具有现代装配建造水平的工程总承包企业以及与之相适应的专业化技能队伍
2017年5月27日	《北京市发展装配式建筑2017年工作计划》	为装配式将建筑的设计、施工和建设管理提供了有效的技术保障
2017年6月1日	《〈北京市建设工程计价依据——预算消耗量定额〉装配式房屋建筑工程》	适用于北京市行政区域内按照国家和本市相关标准、要求建设的装配式房屋建筑工程
2017年12月26日	《关于在本市装配式建筑工程中实行工程总承包招投标的若干规定（试行）》（京建法〔2017〕29号）	装配式建筑原则上应采用工程总承包模式，建设单位应将项目的设计、施工、采购一并进行发包
2018年1月26日	《2018年工程质量管理工作要点》（市建发〔2018〕48号）	一是强化装配式混凝土结构建筑工程质量管理。 二是推行驻厂监造制度。 三是强化装配式混凝土建筑质量监督执法

续表

时间	政策	主要内容
2018年1月31日	《2018年建设工程安全质量监督执法工作要点》(市建发〔2018〕62号)	探索预制构件生产企业的延伸监管模式，明确建设、施工、监理、构件生产企业等各方责任，进一步规范责任主体的质量安全行为，提升企业质量自控管理能力和安全风险管理水平
2018年4月1日	《关于加强装配式混凝土建筑工程设计施工质量全过程管控的通知》(市建法〔2018〕6号)	进一步落实质量主体责任，强化关键环节管控，加强设计与施工有效衔接，全面提升我市装配式混凝土建筑工程质量水平
2018年5月17日	《2018年建设工程施工现场扬尘治理专项行动工作方案》(京建发〔2018〕242号)	推进部品、部件工厂化预制工作。对试点项目开展钢筋工厂化集约加工。以集约化加工、现场装配式施工、非受力构件工厂化预制，减少材料浪费、烟尘排放，助推绿色建造
2018年7月12日	《中共北京市委、北京市人民政府关于全面加强生态环境保护坚决打好北京市污染防治攻坚战的意见》	大力发展装配式建筑、超低能耗建筑。到2020年，全市万元地区生产总值能耗和二氧化碳排放比2015年分别下降17%、20.5%以上
2018年7月30日	《北京市住房和城乡建设委员会关于取消产业化住宅部品目录审定有关事项的通知》(京建发〔2018〕361号)	北京市建筑节能与建筑材料管理办公室不再受理产业化住宅部品目录审定申请，住宅产业化专家委员会不再受理产业化住宅建设项目中应用的论证申请
2018年8月1日	《北京市住房和城乡建设委员会关于明确装配式混凝土结构建筑工程施工现场质量监督工作要点的通知》(京建发〔2018〕371号)	工程质量监督工作遵循属地监管与分类监管相结合、以属地监管为主的原则。市级住房城乡建设行政主管部门负责指导全市装配式混凝土建筑工程质量监督工作，对各区住房城乡建设行政主管部门的工程质量监督工作进行监督、考核，按分工承担部分重点装配式混凝土建筑工程的质量监督工作
2018年9月7日	《北京市打赢蓝天保卫战三年行动计划》	稳步推进发展装配式建筑，会同市重大项目办组织轨道交通施工工地实现全密闭化作业，并安装高效布袋除尘设备

1.2.2 加强全产业链培育

“十二五”期间，北京市出台了《关于在保障性住房建设中推进住宅产业化工作任务的通知》(京建发〔2012〕359号)等指导性文件，分类指导，明确实施标准，细化责任分工，将实施住宅产业化落实到规划设计、土地入市、质量监管等关键环节中。鼓励采用设计、施工、采购总承包等一体化模式招标发包，积极培育全产业链集团企业，住宅产业化实施体系得到完善。

加快产业纵向合作，形成产业链条，已建设形成了北京市保障性住房建设投资中心(以下简称市投资中心)。2016年，在市投资中心的积极组织推动下，由北京市政路桥股份有限公司、北京市燕保投资有限公司、北京市建筑设计研究院有限公司、北京首开资产管理有限公司、北京城乡建设集团有限责任公司共同投资成立北京市住宅产业化集团股份有限公司（简称住宅产业化集团）。

北京市拥有北京住总集团有限责任公司、北京市建筑设计研究院有限公司等集建设开发、科技研发、设计、生产、施工和运营管理于一体的产业集团。随着国家住宅产业化基地的大力建设，目前已有北京金隅、北新建材、博洛尼、北京住总、北京市建筑设计研究院和北京东易日盛装饰公司等六家基地型企业。

以北京住总集团为例，作为国家住宅产业化基地的成员，北京住总集团已累计完成住宅产业化设计任务530万m^2，累计完成住宅产业化项目120万m^2，掌握了8度抗震区全构件类型的预制装配式剪力墙建筑的成套标准化设计技术。北京住总集团的部品供应能力也日益提高。集团所属北京住总万科建筑工业化科技股份有限公司已经为集团内外共计25家单位及项目供应了叠合板、预制保温夹心外墙板、内墙板、楼梯等多种类型的结构部品，累计完成7.5万m^3、200余万m^2供应任务。

1.2.3 推进监管流程完善

2014年10月27日，北京市发布《关于加强装配式混凝土结构产业化住宅工程质量管理的通知》（京建法〔2014〕16号），进一步加强装配式混凝土结构产业化住宅工程质量管理，装配式混凝土结构产业化住宅技术体系应具有完备的设计、施工及验收标准。使用新技术、新工艺、新材料的，相关企业应按照《北京市拟建重要建筑项目超限高层建筑工程抗震设防审查及“三新核准”审核管理办法》（京建法〔2007〕102号）的规定编制企业标准，并在市住房城乡建设委备案。明确了装配式混凝土结构工程参建各方的主体责任和具体管理要求，提出对预制混凝土构件的生产环节进行监理、建立预制混凝土构件生产首件验收和现场安装首段验收制度等一系列新举措，对预制构件的生产、检测、安装进行全过程监管。

2018年1月31日，北京市发布《2018年建设工程安全质量监督执法工作要点》（京建发〔2018〕62号），提出要探索预制构件生产企业的延伸监管模式，明确建设、施工、监理、构件生产企业等各方责任，进一步规范责任主体的质量安全行为，提升企业质量自控管理能力和安全风险管理水平。同年8月1日，北京市发布《北京市住房和城乡建设委员会关于明确装配式混凝土结构建筑工程施工现场质量监督工作要点的通知》（京建发〔2018〕371号）中要求装配式混凝土建筑工程质量监督工作遵循属地监管与分类监管相结合、以属地监管为主的原则。市级住房城乡建设行政主管部门负责指导全市装配式混凝土建筑工程质量监督工作，对各区住房城乡建设行政主管部门的工程质量监督工作进行监督、考核，按分工承担部分重点装配式混凝土建筑工程的质量监督工作。各项文件的持续出台加强了对北京市装配式建筑的监管。

1.2.4 加快标准体系构建

北京市自2008年起开展了30余项住宅产业化关键技术和成套技术的研发工作，加快健全和完善产业化技术标准体系。

目前已发布实施的北京市地方标准和技术管理要求和导则如表1-1-2所示。

北京市装配式建筑地方标准及标准文件　　表1-1-2

序号	标准文件	标准编号	实施日期
1	《预制混凝土构件质量检验标准》	DB11/T 968-2013	2013.7.1
2	《装配式剪力墙住宅建筑设计规程》	DB11/T 970-2013	2013.7.1
3	《装配式剪力墙结构设计规程》	DB11 1003-2013	2014.2.1
4	《装配式混凝土结构工程施工与质量验收规程》	DB11/T 1030-2013	2014.2.1
5	《北京市廉租房、经济适用房及两限房建设技术导则》		2008.9.19
6	《北京市公共租赁住房建设技术导则（试行）》		2010.7.22
7	《北京市公共租赁住房标准设计图集（一）》	BJ-GZF/BS TJ1-2012	2012.8.1
8	《公共租赁住房内装设计模数协调标准》	DB11/T 1196-2015	2015.8.1
9	《住宅全装修设计标准》	DB11/T 1197-2015	2015.8.1
10	《装配式剪力墙结构设计规程》配套图集PT-1003	DB11/1003-2013	2015.4
11	《装配式剪力墙住宅建筑设计规程》配套图集PT-970	DB11/T 970-2013	2015.2
12	《预制混凝土构件质量控制标准》	DB11/T 1312-2015	2016.4.1
13	《装配式框架及框架-剪力墙结构设计规程》	DB11/1310-2015	2016.7.1

1.2.5 建设试点示范工程

北京市自2008年开始启动装配式建筑试点示范工作，包括装配整体式剪力墙结构体系等内容试点示范。逐步形成了以装配式住宅为住宅产业化主要发展技术路径，为全面推进住宅产业化提供了管理经验和技术支撑。纳入实施产业化计划的项目规模累计达到

1500万m^2。自愿实施产业化的商品住房10个项目约55万m^2，获得面积奖励1.41万m^2。

2018年，为贯彻落实《住房城乡建设部关于推进建筑信息模型应用指导意见的通知》（建质函〔2015〕159号）、《住房和城乡建设部关于印发2016-2020年建筑业信息化发展纲要的通知》（建质函〔2016〕183号）、《国务院办公厅关于促进建筑业持续健康发展的意见》（国办发〔2017〕19号）、《北京市住房和城乡建设委员会关于加强建筑信息模型应用示范工程管理的通知》（京建发〔2018〕222号）等文件精神，北京市住房和建设委员会在北京市建设工程中征集一批建筑信息模型（BIM）应用示范工程，推动BIM在建筑领域的广泛应用，促进相关政策法规和标准的制定与完善，加快BIM技术人才队伍培养和本土应用软件开发，提高北京市建筑业信息化水平。经专家评审，共选择34个项目作为BIM应用示范工程。

1.3 未来发展路线

北京市装配式建筑建设目标为2018年实现装配式建筑占新建建筑的比例达到20%以上，基本形成适应装配式建筑发展的政策体系和技术保障体系。到2020年实现装配式建筑占新建建筑的比例达到30%以上，推动形成一批设计、施工、部品部件生产规模化企业，具有现代装配建造水平的工程总承包企业以及与之相适应的专业化技能队伍。

重点推进范围包括：

（1）新纳入北京市保障性住房建设计划的项目和新立项政府投资的新建建筑应采用装配式建筑；

（2）通过招拍挂文件设定相关要求，对以招拍挂方式取得城六区和通州区地上建筑规模5万m^2（含）以上国有土地使用权的商品房开发项目应采用装配式建筑；

（3）在其他区取得地上建筑规模10万m^2（含）以上国有土地使用权的商品房开发项目应采用装配式建筑；

（4）采用装配式混凝土建筑、钢结构建筑的项目。

1.3.1 推行工程总承包

装配式建筑应采用工程总承包模式。工程总承包企业要对工程质量、安全、进度、造价负总责。健全与装配式建筑工程总承包相适应的发包承包、施工许可、分包管理、工程造价、质量安全监管、竣工验收等制度，优化项目管理方式，实现工程设计、部品部件生产、施工及采购的统一管理和深度融合。积极扶持和培育全产业链的集团企业，鼓励建设产业技术创新联盟。

1.3.2 完善标准体系，创新集成设计

编制设计、生产、施工、检测、验收、维护等标准体系，编制相关图集、工法、手册、指南。严格执行国家和行业装配式建筑相关标准，加快制定北京市地方标准，支持制定企业标准，促进关键技术和成套技术研究成果转化为标准规范。

推行装配式建筑一体化集成设计。推广通用化、模数化、标准化设计方式，积极应用建筑信息模型技术，提高建筑领域各专业协同设计能力。政府投资的装配式建筑项目应全过程采用建筑信息模型技术进行管理。

1.3.3 优化构件生产，提升施工水平

贯彻京津冀协同发展战略，引导部品部件生产企业及相关产业园区在京津冀地区合理布局，形成适应装配式建筑发展需要的产品齐全、配套完整的产业格局。依托行业龙头企业打造钢结构建筑生产示范基地。建立部品部件质量验收机制，确保产品质量。

引导企业研发应用与装配式施工相适应的技术、设备和机具。鼓励企业创新施工组织方式，推行绿色施工，应用结构工程与分部分项工程协同施工新模式。支持施工企业总结编制施工工法，打造一批具有较高装配施工技术水平的骨干企业。

1.3.4 推进全装修，推广绿色建材

实行装饰装修与主体结构、机电设备协同施工。倡导菜单式全装修，满足消费者个性化需求。保障性住房项目应全部采用全装修，支持其他住宅项目实施全装修成品交房。

提高绿色建材的应用比例。开发应用品质优良、节能环保、功能良好的新型建筑材料，加快推进绿色建材评价。强制淘汰不节能不环保、质量性能差的建筑材料。

1.3.5 加大实施保障

1）健全工作机制

建立市发展装配式建筑工作联席会议制度，组织、协调和指导全市装配式建筑发展工作。各成员单位要按照职责分工，制定具体配套措施，扎实做好发展装配式建筑各项工

作。各区政府要加强对工作的组织领导，建立相应的工作机制，明确目标任务，加强督促检查，确保落到实处。

2）细化责任分工

市住房城乡建设委要加强统筹协调，会同有关部门制定装配式建筑年度发展计划及具体实施范围，将发展装配式建筑相关要求落实到项目规划审批、土地供应、项目立项、施工图审查等各环节，并定期通报各有关单位推进装配式建筑工作进展情况。市发展改革委负责在立项阶段对项目申请报告或可行性研究报告落实装配式建筑要求的有关内容进行审查。市规划国土委负责加强装配式建筑项目规划行政许可、施工图审查的管理，制定和完善装配式建筑设计文件深度规定和施工图审查要点，在规划条件和选址意见书中明确装配式建筑的实施要求并在土地供应中予以落实。

3）加大政策支持

实施面积计算、面积奖励、财政资金奖励、税收优惠、房屋预售、科研、金融信贷以及评优支持等措施，加快推进装配式建筑发展。

4）强化人才培育

大力培养装配式建筑设计、生产、施工、管理等专业人才。鼓励高等学校、职业学校设置装配式建筑相关课程，推动装配式建筑企业开展校企合作，创新人才培养模式。加强国际交流合作，积极引进海外专业人才参与装配式建筑的研发、生产和管理。

1.4 存在的突出问题及建议

1.4.1 产业链衔接不顺畅

传统的建设组织方式下，设计、生产、施工、组织、管理各自为战，代表不同的利益主体，其结果是设计不考虑生产和施工，主要以“满足规范”为目标，达不到生产、装配的深度要求。造成设计和施工效率低下、浪费严重且不容易统一协同，尤其难以满足装配式建筑全过程、全产业链集成的客观要求。

1.4.2 信息无法协同共享

当前国内建筑工程，在设计、生产、施工、装修等各阶段、各工种分别都有较深入的BIM应用。但设计阶段的BIM模型及信息如何“无损传递”到生产、施工、装修，如何实现全过程的“协同”“可逆”，尚有很大差距，需要从组织架构、平台搭建、利益共享、知识产权和编码规则等多维度、全方位推进并实现全产业链、全过程的整体应用。

1.5 项目案例

北京成寿寺B5地块定向安置房项目

1）项目概况

项目总用地6691.2m²，拟建4栋9~16层装配式钢结构住宅，总建筑面积31685.49m²，其中地上建筑面积20055.49m²（包含住宅建筑面积18655.49m²，配套公建面积1400.00m²），地下建筑面积为11640.00m²，绿地率30%，容积率3.0。项目采用EPC总承包模式，已于2016年3月开工，2017年12月竣工（图1-1-1）。

图1-1-1 北京成寿寺B5地块定向安置房建设

2）装配式技术应用情况

（1）建筑专业

以3号楼为例，建筑总高度为49.05m，单体建筑面积6875m²，地上16层，地下共3层，首层层高4.5m，其余层高2.9m；根据建筑功能和业主要求，采用钢框架钢板剪力墙结构体系，楼盖采用钢筋桁架楼承板，外墙采用预制混凝土外墙挂板、蒸压加气混凝土条板。

（2）结构专业

用钢框架—钢板剪力墙结构形式，主楼标准柱网6.6m × 6.6m，地上采用400方管箱型柱、地下采用450方管箱型柱，车库标准柱网8.1m×8.1m,采用450圆管柱、内灌C50自密实混凝土，地上采用H350×150焊制H型钢梁，抗侧力构件采用阻尼器和钢板剪力墙。梁偏心布置保证室内无梁无柱。

（3）水暖电专业

装配式建筑的设计应是涵盖主体结构、水暖电专业、装饰装修集成一体的装配式设计，采用BIM三维软件将建筑、结构、水暖电、装饰等专业通过信息化技术的应用，将水暖电位与主体装配式结构、装饰装修实现集成一体化的设计，并预先解决各专业间在设计、生产、装配施工过程中的协同问题。

（4）信息化技术应用

工程项目设计阶段：通过同图软公司的合作开发的 BIMcloud，将三维数字模型传输到建谊 ChinaBIM的系统平台上，各专业的设计人员通过数据无缝的对接、全视角可视化的设计协同完成装配式建筑钢梁、钢柱、墙板、楼板、水暖电、装饰装修的设计，并实时增量传输各自专业的设计信息。

装配式构件生产阶段：将BIM模型实时获取构件的尺寸、材料、性能等参数信息，通过建谊 ChinaBIM平台将参数信息转换为符合CNC的加工数据，并制定相应的构件生产计划，向施工单位实时传递构件生产的进度信息。

项目施工阶段：通过建谊 ChinaBIMcloud平台对装配式建筑的施工开展全视角和多重进度匹配的虚拟施工，对包含施工现场场平布置、运输车辆往来路线、施工机械、塔吊布置在内的施工全流程进行优化。提高装配式建筑的施工效率，缩短整个项目的施工周期。

（5）构件生产

3号楼所用构件主要分为三类：一类是钢梁、钢柱；二类是预制混凝土外墙挂板，蒸压加气混凝土条板；三类是钢筋桁架楼承板。预制混凝土外墙挂板、蒸压加气混凝土条板般采用自动化流水线生产，一般为经济批量的形式开展标准化的生产制作。预制混凝土外墙挂板加工制作主要生产流程环节为：①自动清扫机清理台模；②机械支模手自动放线、支模；③喷涂脱模剂；④固定预埋件，如牛腿等；⑤绑扎纵横向钢筋及格构钢筋；⑥混凝土分配机浇筑，平台振捣；⑦养护室养护。

2 上海

2.1 产业发展及现状

上海自20世纪90年代中期从住宅产业化入手，探索推进本地装配式建筑的发展。主要经历了三个发展阶段：1996~2000年的探索期、2001~2013年的试点推进期、2014~2015年的面上推广期。

2015年9月9日，上海获批成为国家住宅产业化现代化综合试点城市。

2017年上海共落实装配式建筑面积1641万m^2，2018年全年落实装配式建筑首次突破2000万m^2，绿色建筑总量累计达1.51亿m^2。此前的2016年落实1620万m^2，2015年落实610万m^2，2014年落实312万m^2，2013年落实156万m^2，连续3年实现落实面积翻番，2017年开始进入稳定增长期。截至2017年年底，上海市累计竣工的装配式建筑面积已经达到4500万m^2。

上海建筑工业化产业链初具雏形。目前上海已有设计单位包括上海建工设计研究院、上海中森、上海兴邦、上海天华、上海现代、宝业集团、上海城建集团、上海中房、上海原构、同济院、上海城乡院、筑博、联创、华东院等。具备PC总包能力的企业主要包括上海建工二建公司、上海建工五建公司、中建八局、通州建总、上海城建集团、上海家树建筑、中南建筑工业化有限公司、中天建设等，不少企业成立了装配式建筑研发中心。成立了上海建筑工业化产业技术创新联盟，涵盖建设、设计、施工、构件生产企业及科研单位等全产业链单位，形成了良好的互动平台。

2.2 主要发展经验

2.2.1 加强政策引导推进

上海市出台了针对装配式建筑项目的规划奖励、资金补贴、墙材专项基金减免、提前预售激励政策（表1–2–1）。

1）规划奖励：根据《关于本市进一步推进装配式建筑发展的若干意见》（沪府办〔2013〕52号），主动采用装配式方式建造的住宅项目，其预制外墙或叠合外墙的预制部分可不计入建筑面积，但不超过装配式住宅±0.00以上地面计容建筑面积的3%；根据《关于推进本市装配式建筑发展的实施意见》(沪建管联〔2014〕901号),装配式建筑外墙采用夹心保温墙体的,其预制夹心保温墙体面积可不计入容积率,但其建筑面积不应超过总建筑面积的3%。

2)资金补贴:根据《上海市建筑节能和绿色建筑示范项目专项扶持方法》(沪建建材联〔2016〕432号),对居住建筑3万m^2以上,公共建筑2万m^2以上,单体预制率不低于45%或者单体装配率不低于65%,且具有两项及以上创新技术应用的项目可申请资金补贴。补贴100元/m^2,最高补贴1000万元(政府投资项目除外)。

3)墙材专项基金减免:对装配式建筑的混凝土墙体部分,不计入新型墙体材料专项基金征收计算范围,装配式保障房免收新型墙体材料专项基金。

4)提前预售:根据《关于进一步强化绿色建筑发展推进力度提升建筑性能的若干规定》(沪建管联〔2015〕417号),装配式建筑工程项目可实行分层、分阶段验收。8层以上(含8层)完成主体结构1/2以上(不得少于7层)的新建装配式商品住宅项目可以进行预售。

上海市装配式建筑相关政策法规 **表1-2-1**

日期	文件名	内容
2003年8月8日	《上海市建设工地施工扬尘控制若干规定》	在建设工程中应组织石材、木制半成品进入施工现场,实施装配式施工,减少因切割石材、木制品加工所造成的扬尘污染
2008年1月31日	《上海市房屋土地资源管理局关于印发2008年上海市住房建设计划的通知》	在节材方面,积极推进工业化、装配式的住宅装修方式,提高全装修住宅在新建商品住宅中的比例
2011年2月28日	《上海市建构筑物拆除行业2011年工作要点》	在现场办公场所方面,在推广使用集装箱式临时房屋的基础上,探索采用装配式板房
2011年4月29日	《上海市城乡建设和交通委员会关于本市新建公共租赁住房实施室内装修的暂行意见》	倡导实施工业化装配式的装修方式,提高施工效率和质量
2011年6月14日	《关于加快推进本市住宅产业化的若干意见》	先在局部进行装配式住宅生产方式试点,时机成熟后在一定区域内推广。市、区县协同推进,各有关部门形成合力,通过行政机制逐步推行装配式住宅建设,并加强监管,保障施工质量和居住安全
2011年8月4日	《上海市城乡建设和交通委员会关于加强建设工程施工现场临建房屋安全管理的通知》	推行使用标准化、定型化的,满足防火要求、易于拼装、循环使用的整体箱式房屋和装配式房屋
2011年8月22日	《关于"十二五"期间本市加快推进住宅产业现代化发展节能省地型住宅的指导意见》	强化新建住宅节地、节能、节水、节材和环保整体推动的同时,着力在保障性住房技术体系、装配式住宅、围护结构保温技术和节能减排技术标准体系上实现突破

续表

日期	文件名	内容
2012年2月7日	《上海市住房发展“十二五”规划》	力争到“十二五”期末，装配式工业化住宅比例达到20%左右，新建商品住宅全装修比例达到60%左右，实施性能认定率达到30%以上
2012年4月16日	《上海市科学和技术发展“十二五”规划》	形成四类以上工业化建造的预制装配式建筑成套技术及其产品体系，在崇明、虹桥等区域实施绿色建筑星级示范和规模化应用
2012年4月17日	《上海市住房保障和房屋管理“十二五”立法规划》	大力推进住宅产业现代化，进一步加大装配式工业化住宅、全装修住宅和住宅性能认定工作的推进力度
2012年7月17日	《上海市城市建设和管理“十二五”规划》	在大型居住社区建设中，以推进预制装配式住宅发展为重点，加快本市住宅产业化进程
2013年11月7日	《上海市清洁空气行动计划（2013—2017）》	推广绿色建筑。大力推进装配式建筑项目建设
2013年11月26日	《〈关于本市进一步推进装配式建筑发展的若干意见〉实施细则》	对装配式建筑编制年度实施计划、土地供应意见征询、装配式建筑项目的认定、规划方案审批、施工图设计文件审查、建设工程招标投标、建设工程规划许可证核发、预制构件管理、主要参建单位的责任和义务、质量安全监督管理、预售和交付管理、规划验收和土地核验、建筑节能专项扶持资金申请等方面进行了规制
2014年6月17日	《上海市绿色建筑发展三年行动计划（2014—2016）》	各区县政府在本区域供地面积总量中落实的装配式建筑的建筑面积比例。2016年，外环线以内符合条件的新建民用建筑原则上全部采用装配式建筑，装配式建筑比例进一步提高
2014年9月29日	《上海市工程质量治理两年行动实施意见》	各区（县）政府在供地面积总量中须落实建筑面积不少于25%的装配式建筑，2015年度不少于50%。2016年起，外环线以内符合条件的新建民用建筑原则上全部采用装配式建筑
2014年10月29日	《关于在本市推进建筑信息模型技术应用的指导意见》	研究建立符合装配式建筑设计施工要求的BIM技术应用体系，建立标准构件模型族库，提高装配式建筑设计施工质量和效率
2015年5月1日	《关于推进本市装配式建筑发展的实施意见》	提出了装配式建筑的建筑面积比例目标；采用混凝土结构体系建造的装配式住宅单体预制装配率和装配式公共建筑单体预制装配率要求等
2015年2月25日	《上海市2015年-2017年环境保护和建设三年行动计划》	大力推进装配式建筑。加大装配式建筑推广力度，2015年，各区县在本区域供地面积总量中落实的装配式建筑面积比例不少于50%；2016年，外环以内符合条件的新建民用建筑原则上全部采用装配式建筑；2017年起，外环线以外在50%的基础上逐年增加装配式建筑
2015年3月25日	《上海市装配式混凝土建筑工程设计文件编制深度规定》	指导本市装配式混凝土建筑工程设计
2015年4月1日	《关于加强本市经营性用地出让管理的若干规定（试行）》	落实建筑绿色环保节能管理要求。建设、房屋管理部门应按照规定，对绿色建筑、装配式建筑和废弃混凝土资源化利用等配置提出建设要求

续表

日期	文件名	内容
2015年6月16日	《关于进一步强化绿色建筑发展推进力度提升建筑性能的若干规定》	各区县政府和相关管委会应严格按照本市现有规定落实新建民用建筑实施装配式建筑的工作要求；新建工业建筑应全面按照装配式要求建设。装配式商品住宅应同步实施全装修，鼓励采用室内装修工业化生产方式，进一步提高一体化装修设计、施工水平
2015年9月24日	《关于装配式住宅项目预售许可管理有关问题的通知》	实施装配式商品住房项目的房地产开发企业，可在装配式住宅单体上部结构开工、预制构件开始施工安装后，向项目所在区县房屋行政管理部门申请出具实施装配式住宅项目证明
2016年2月1日	《关于加强本市道路扬尘污染防治的实施意见》	建设工程、交通工程要大力推广使用预制件、装配式施工工艺等，减少现场混凝土浇筑
2016年2月1日	《上海市国民经济和社会发展第十三个五年规划纲要》	加大既有建筑节能改造力度，全面推广绿色建筑，推行装配式建筑和全装修住宅
2016年8月5日	《上海市科技创新“十三五”规划》	围绕绿色建筑技术体系建设，开展绿色建材、室内空气质量、能效提升、智能化等关键技术研究。建立面向工程全生命期的建筑信息模型和装配式建筑技术体系和标准体系
2016年8月13日	《关于进一步加强本市垃圾综合治理的实施方案》	推广装配式建筑和全装修房，减少建筑垃圾产生
2016年8月15日	《上海市标准化体系建设发展规划（2016-2020年）》	建立健全上海建筑建设和管理标准体系
2016年9月30日	《上海市建筑信息模型技术应用推广“十三五”发展规划纲要》	促进“BIM＋建筑工业化”融合发展，提高装配式建筑设计施工质量和效率
2016年10月17日	《上海市城乡建设和管理“十三五”规划》	全面推广装配式建筑，创建国家住宅产业现代化示范城市，符合条件的新建建筑必须采用装配式技术，到2020年，装配式建筑单体预制率达到40%以上
2016年12月16日	《崇明世界级生态岛发展“十三五”规划》	符合条件的新建建筑100%采用预制装配式技术，推广全装修住宅
2017年1月1日	《上海市工程总承包试点项目管理办法》	政府投资项目、采用装配式或者BIM建造技术的项目应当积极采用工程总承包模式。采用BIM技术或者装配式技术的，招标文件中应当有明确要求；建设单位对承诺采用BIM技术或装配式技术的投标人应当适当设置加分条件
2017年3月1日	《上海市节能和应对气候变化“十三五”规划》	全面推广装配式建筑，创建国家住宅产业现代化示范城市，符合条件的新建建筑必须采用装配式技术，到2020年，装配式建筑单体预制率达到40%以上
2017年7月6日	《上海市住房发展“十三五”规划》	大力推进装配式建筑发展，积极推行全装修住宅建设，鼓励“大开间”的住宅设计理念。符合条件的新建住宅应全部按照装配式建筑要求实施，建筑单体预制率不应低于40%或单体装配率不低于60%
2017年9月30日	《关于促进本市建筑业持续健康发展的实施意见》	要加强制度和能力建设，建立适应本市特点的装配式建筑制度、技术、生产和监管体系，进一步强化培训管理，加快形成适应装配式建筑发展的市场机制和发展环境

续表

日期	文件名	内容
2018年1月1日	《上海市建筑垃圾处理管理规定》	推广装配式建筑、全装修房、建筑信息模型应用、绿色建筑设计标准等新技术、新材料、新工艺、新标准，促进建筑垃圾的源头减量
2018年3月29日	《上海市2018-2020年环境保护和建设三年行动计划》	大力推广装配式建筑和绿色建筑。加大装配式建筑推广力度，全市符合条件的新建建筑原则上采用装配式建筑
2018年4月12日	《上海市人民防空建设发展"十三五"规划》	探索研究装配式建筑技术在民防工程建设中的应用
2018年7月3日	《上海市清洁空气行动计划（2018-2022年）》	持续推进符合条件的新建民用、工业建筑全部按装配式建筑实施

2.2.2 建立完善推进机制

上海市政府明确市建设主管部门和住房保障部门共同推进装配式建筑和住宅产业化工作。

2011年市政府建立了"上海市新建住宅节能省地和住宅产业化发展"联席会议制度。

2014年由分管副市长召集市规划、发展改革、住房城乡建设、财政等20余家委办局，组建"上海市绿色建筑发展联席会议"，共同组织制定和协调装配式发展、计划、政策落实及建设，有效增强了装配式建筑推进政策制定和工作协调的力度。

2.2.3 强化建设过程监管

1）**土地出让阶段**：在土地出让合同中约定装配式建筑相关指标。

2）**设计阶段**：设计文件应符合装配式建筑相关规范要求以及上海市《装配式混凝土建筑工程设计文件编制深度规定》的要求，并通过施工图审查。目前，深化设计图纸尚不需要进行施工图审查，但应经主体设计单位盖章确认后方可交付构件厂进行加工制作。

3）**构建生产阶段**：应满足上海市《装配式混凝土结构预制构件制作与质量检验规程》DGJ 08-2069-2016的规定。

4）**施工及验收阶段**：应满足《混凝土结构工程施工质量验收规范》GB 50204-2015、上海市《装配整体式混凝土结构施工及质量验收规范》DGJ 08-2117-2012、上海市《装配整体式混凝土结构建筑施工安全监管要点（试行）》等规范和文件的相关规定。

2.2.4 完善技术标准体系

建立了覆盖装配式项目建设全过程的标准规范体系。同时，提高了室内装修、楼板设计厚度等方面的设计要求，有效提升了新建住宅品质。上海地方标准规范与国家发布的相关标准规范互为衔接补充，基本能够满足当前上海装配式建筑发展的需求。表1-2-2、表1-2-3总结了国家和上海市装配式建筑标准、图集。

国家装配式建筑标准、图集汇总表　　表1-2-2

类别	序号	标准名称
国家现行标准	1	《装配式混凝土结构技术规程》JGJ 1-2014
	2	《工业化建筑评价标准》GB/T 51129-2015
	3	《预制带肋底板混凝土叠合楼板技术规程》JGJ 258-2011T
	4	《木结构设计规范》GB 50005-2003（2005年版）
	5	《木结构工程施工规范》GB/T 50772-2012
	6	《木结构工程施工质量验收规范》GB 50206-2012
	7	《胶合木结构技术规范》GB/T 50708-2012
	8	《轻型木桁架技术规范》JGJ/T 265-2012
	9	《木骨架组合墙体技术规范》GB/T 50361-2005
	10	《防腐木材工程应用技术规程》GB 50828-2012
国家现行图集	1	《装配式混凝土结构表示方法及示例（剪力墙结构）》15G107-1
	2	《装配式混凝土连接节点构造》15G310-1
	3	《装配式混凝土连接节点构造》15G310-2
	4	《预制混凝土剪力墙》15G365-1
	5	《预制混凝土剪力墙内墙板》15G365-2
	6	《桁架钢筋混凝土叠合板（60mm厚底板）》15G366-1
	7	《预制钢筋混凝土板式楼梯》15G367-1
	8	《预制钢筋混凝土阳台板、空调板及女儿墙》15G368-1
	9	《装配式混凝土结构住宅建筑设计示例（剪力墙结构）》15J939-1
	10	《木结构建筑》14J924

上海市装配式建筑标准、图表汇总表　　表1-2-3

类别	序号	标准名称
上海现行标准	1	《装配整体式混凝土居住建筑设计规程》DG/TJ 08-2071-2016
	2	《装配整体式混凝土结构预制构件制作与质量检验规程》DGJ 08-2069-2016
	3	《装配整体式混凝土结构施工及验收规范》DGJ 08-2117-2012
	4	《装配整体式混凝土公共建筑设计规程》DGJ 08-2154-2014
	5	《预制混凝土夹心保温外墙板应用技术规程》DG/TJ 08-2158-2015
	6	《工业化住宅性能评定技术标准》DG/TJ 08-2198-2016
	7	《轻型木结构建筑技术规程》DG/TJ 08-2059-2009
	8	《工程木结构设计规范》DG/TJ 08-2192-2016
	9	《轻型钢结构设计规程》DBJ 08-68-97
	10	《高层建筑钢结构设计暂行规定》DBJ 08-32-92
	11	《钢结构制作与安装规程》DG-TJ 08-216-2007
	12	《网架结构技术规程》DBJ 08-52-96
上海现行图集	1	《装配整体式混凝土住宅构造节点图集》DBJ 08-116-2013
	2	《预制装配式保障性住房套型（试行）》DBJT 08-118-2014
	3	《装配式整体式混凝土构件图集》DBJT 08-121-2016
	4	《轻型木屋架平屋面改坡屋面建筑构造》2009沪J/T-223
上海在编标准	1	《装配整体式叠合板混凝土结构技术规程》
	2	《成型钢筋混凝土结构应用设计规程》
	3	《居住建筑室内装配式装修工程设计规范》
	4	《装配式建筑工程设计文件编制深度标准》
	5	《装配整体式混凝土建筑检测技术标准》
	6	《混凝土叠合楼板技术规程》
上海在编图集	1	《装配式混凝土结构连接节点构造图集》
	2	《装配式混凝土中小学校建筑设计图集》
	3	《装配式混凝土医疗卫生建筑技术图集》

2.2.5 推行全装修

《上海市住房和城乡建设委员会关于本市装配式建筑单体预制率和装配率计算细则

（试行）的通知》（沪建建材〔2016〕601号）明确全装修纳入装配率的计算方法中，其权重系数为0.12。其中要求，2017年1月1日起，凡新出让的上海市新建商品房建设用地（3层及以下的底层住宅除外），全装修住宅面积占新建商品住宅面积比例为：外环线以内的城区应达到100%。除奉贤区、金山区、崇明区之外的其他地区应达到50%。奉贤区、金山区、崇明区实施全装修比例为30%，至2020年应达到50%。本市保障性住房中，公共租赁房全市范围内（含集中新建和商品住房中配建）的全装修比例为100%。全装修住宅项目应采用建筑、装修一体化设计，管线机电预埋等内装设计必须同步到位。

2.2.6 注重宣传与培训

1）加大技术工人和管理人员培训力度，依托行业协会建立了装配式建筑实训基地，持续举办设计、施工、管理、监理培训。上海市有部分高校设有土木、建筑、材料相关的学科。相关职能培训包括：上海市城乡建设和管理委员会、上海市建设协会、上海市勘察设计行业协会等不定期地组织各种类型的装配式建筑相关培训。上海市建设协会与上海中森建筑与工程设计顾问有限公司合作建立上海市装配式建筑专项设计技术实训基地，与上海浦砾珐住宅工业有限公司、上海兴邦建筑技术有限公司合作建立上海市装配式建筑专项施工技术实训基地，旨在有效地做好开发、设计、施工等方面的培训工作。宝业集团上海公司与上海思博职业技术学院校企合作进行相关装配式住宅培训。

同时，定期对灌浆施工人员进行考核，实现关键工种持证上岗。2018年，上海市举办“2018中国技能大赛——上海市建设行业装配式混凝土结构灌浆连接项目职业技能竞赛”。竞赛设置理论和实操环节，成绩合格的选手均获得“装配式混凝土结构灌浆连接专项职业能力资格证书”。

2）搭建技术交流平台，举办上海装配式建筑技术创新论坛，组织开展装配式建筑专家学习交流活动，有效促进了国内外先进技术、经验交流和分享。

2.3 未来发展路线

根据《上海市装配式建筑2016-2020发展规划的通知》（沪建建材〔2016〕740号），上海将以“政府引领，市场主导；产品联动、品质提升；科技先导、创新转型”为原则。重点以统筹规划加强顶层设计、完善标准体系、推动建设模式创新、提升建筑质量与监管水平等方面，全面推进上海市装配式建筑发展。希望通过未来5年的努力，建立适应上海特点的装配式建筑制度体系、技术体系、生产体系和监管体系，形成适应装配式建筑发展的市场机制和发展环境。

2.3.1 推行建设工程总承包制度

加大工程总承包推行力度，通过试点完善配套政策，建立健全与工程总承包方式相适应的招标投标、施工许可、分包管理、工程造价、竣工验收等管理制度和操作流程。鼓励装配式项目优先采用工程总承包方式建设，建设单位可在完成工程可行性研究报告或初步设计文件后进行工程总承包发包，工程总承包单位可依据合同约定选择分包单位，并对工程质量、施工安全、进度、造价负总责。鼓励有条件的设计或施工单位提高设计施工综合管理能力，健全管理体系，加强人才培养，积极开展EPC、PMC等一揽子工程总承包，向具有工程设计、采购、施工能力的工程公司发展，培育发展一批具有国际竞争力的龙头企业。

2.3.2 强化节点和质量管理

上海市将进一步完善装配式建筑标准规范体系，强化设计、施工、构件生产等关键节点把控。严格落实质量安全五方主体责任，认真执行专项施工方案论证、吊装令、预制构件质量保障体系等制度。同时，定期开展装配式建筑在建项目大检查，全面把控上海装配式建筑质量。

同时，着力在优化部品部件质量等方面上下功夫。加强预制部品构件监管，开展部品构件生产企业及其产品流向备案登记。合理引导预制构件产能，及时发布上海市装配式建筑建设计划、现有预制构件厂布局和产能数据，确保上海市预制构件市场供需平衡。将通过深化施工设计、方案专项评审、吊装令、预拼装、关键节点录像等制度措施，确保生产企业等主体责任落实，重点把关装配式建筑现场施工安全和工程质量。

2.3.3 加强关键技术攻关

上海将继续开展技术攻关，研究适合装配式建筑的抗震设计理论方法和能耗减震等关键性技术。进一步完善装配式建筑现场施工工法，研究装配化吊装、构件安装、节点连接、装配校正、成品保护及防水等核心技术。编制装配整体式叠合板混凝土设计规程及预制装配式混凝土构件图集，修订装配整体式住宅设计规程及混凝土结构预制构件制作与质量检验规程，编制装配式混凝土预制构件检测技术标准。健全适应工业化生产的工程造价和定额标准，制定装配式建筑施工定额和工程量清单计价规范。提高标准化设计水平，研究完善模数协调、建筑部品协调等技术标准，推动保障房、学校、医院、养老建筑的模数化、标准化设计；根据不同的建筑结构体系，完善部品部件的设计、生产和施工工艺标准，编制标准图集、通用技术导则、指南和手册。

2.3.4 推广BIM技术应用

注重整体规划与分步推进、政府引导和市场主导相结合，深入推进BIM技术在工程建设领域应用，创建国内领先的BIM技术应用示范城市。坚持以重点功能区域为依托，组织开展试点示范和推广应用。结合国际和国家标准，加快编制符合上海市实际情况的BIM技术应用、数据交换、模型交付、验收归档等导则和标准体系。研究建立基于BIM技术的土地出让、项目立项、设计方案、招标投标、竣工验收、审计和归档等全流程闭合式的审批和监管模式，探索建立基于BIM技术的建设管理并联审批平台，健全与之相匹配的管理体制、工作流程和市场环境。引导参与建设各方建立基于BIM技术的协同管理平台，转变项目管理方式和生产方式。推进BIM技术与工业化和绿色建筑融合，提升城市建设和管理信息化和智慧化水平。

2.3.5 加强材料管理与废物利用

规范建设工程材料使用管理，以诚信管理为主线，信息化为手段，引入行业自律和社会监督力量。进一步完善建材监管信息系统，强化重要建材使用监管，对涉及结构安全和功能性材料实施备案和使用登记，建立建材质量追溯机制，实现备案与管理、市场与现场的互相联动。建立建材诚信档案，加大建材监管信息公开力度，将生产企业信息、产品流向、检测报告和奖惩记录等信息对外公开，方便使用企业和社会公众在线查阅。转变政府管理职能，委托行业协会开展建材备案受理登记、自查等日常管理工作，全面掌握本市建材行业发展情况。通过推进装配式建筑、全装修和大开间住宅发展，促进建筑废弃混凝土源头减量化。加大政策扶持力度，培育再生建材市场，加快形成供需平衡、健康有序的建筑废弃混凝土资源化利用产业链，促进再生建材技术创新和成果转化，加快相关标准制定，促进相关产品应用。

2.3.6 拓展装配式应用领域

将上海装配式建筑推进范围由混凝土结构体系延伸到钢结构、木结构等其他结构体系。同时，将装配式技术应用范围由房屋建筑向桥梁、隧道、轨道交通和水运等市政交通工程建设领域拓展，不断降低工程建设对城市交通和环境影响。

2.4 存在的突出问题及建议

2.4.1 对装配式住宅认识不足

由于企业与企业、地区与地区之间推进的力度不一，以致各方对此项工作的理解和认识也有差异，作用的发挥参差不齐，存在一定差距。在推进中，往往出现简单应付完成指标的现象，不去过多考虑企业成本及节能效果等方面的因素，导致社会资源浪费较为严重。主要表现为以消极的态度接受这件事，不是自身的要求，而是被动地去接受，所以执行上造成许多偏差。政府继续要做好宣传、引导，逐步培育装配式建筑市场。有些条件不成熟的地区也在机械地推进这项工作，应因地制宜，切忌盲目强推。

2.4.2 技术标准体系不健全

由于装配式住宅体系多样性、结构复杂性，住宅户型的多样性造成各家自成体系，社会资源浪费较严重。现有的设计、施工相互割裂、各自为政的建设模式，既增加了建设成本，又一定程度上影响了装配式建筑项目的建设效率。对还没有发展装配式住宅建设的地区以及刚开始实施的地区应尽快形成地区规范。预制构件缺少行业统一的产品标准，企业各自为政，在低价中标的情况下产品质量难以保证。

2.4.3 对钢结构接受度不高

钢结构的市场接受度不高，很难推广。目前，上海市装配式建筑的技术体系以混凝土结构体系为主，对其他材料的预制结构以及不同功能的预制结构体系研究还不够完整，结构分析的理论方法也比较单一，适用性不足。

2.4.4 人才队伍难以保障

上海市现有设计、施工、监理等建筑业从业单位12000多家（含外省市进沪单位），从业专业技术人员13万人，劳务工人约50万人。上述单位和人员当中，从事过装配式建筑研究、设计、制作安装、管理的单位和人员只占小部分，远远满足不了上海市建筑工业化发展的要求。另外，装配式住宅对现场施工人员是有要求的，不是一般民工能胜任的，必须培训，这与以往是不同。由于施工方或建设方对此项工作在认识上的问题，认为装配式住宅建设这项工作是很简单的，所以不经过培训的农民工也在做这项工作，结果这些农民工确实跟不上现场施工的要求，所以出现一些地方建造一层楼需要20多天的局面，事实上目前现浇一层楼也不过需要6~7天，这对装配式住宅的推广大大不利，影响了装配式住宅的施工进度。

建议加强产业工人的培训，建立一整套制度及相关培训机构。亟须在未来5年着力培育以下四类人才：一是具有装配式建筑设计经验的技术人才；二是掌握装配式建筑工厂制作、现场安装技术的产业工人；三是具备装配式建筑一体化管理能力的项目经理；四是具有装配式建筑一体化监督管理经验的监管人才。

2.5 项目案例

金茂雅苑（东区）项目

2016年，上海市有10个装配式建筑项目入选《全国装配式建筑科技示范项目》。

金茂雅苑（东区）项目概况　　表1-2-4

项目名称	金茂雅苑（东区）项目
项目获奖情况	住房城乡建设部2016年装配式建筑科技示范项目
项目建设时间	2014.7~2016.6
项目建筑面积	196710.83m^2
该项目结构类型	混凝土结构
是否为总承包模式	否
设计方名称及简介	上海中森建筑与工程设计顾问有限公司

续表

构件生产方名称及简介	上海君道住宅工业有限公司
施工方名称及简介	中建三局第一建设工程有限责任公司

项目特点：

（1）该项目部分底部加强及约束边缘构件采用预制，预制构件主要由预制外墙板、预制阳台、预制梁及预制楼梯组成。

（2）荷载取值等同现浇结构；抗震设计时，对同一层内既有现浇墙肢也有预制墙肢的装配式剪力墙结构，现浇墙肢水平地震作用弯矩、剪力宜乘以不小于1.1的增大系数。

（3）采用复合式的土壤源热泵集中空调系统、集中新风系统设置排风热回收装置和建筑外遮阳技术。

（4）采用大量绿色节能技术，实现绿色建筑与装配式建筑的有机结合。

（5）有效控制预制构件的单体重量，方便吊装和运输，节约成本，方便施工，效益明显。

3 深圳

3.1 产业发展及现状

2006年，深圳成为首个国家住宅产业化综合试点城市，以提高质量安全为目标，提出全面推广“装配式建筑+EPC+绿色建筑”的建设模式，推出第一代保障房标准化产品。

2017年1月，深圳市市长许勤在做政府工作报告时，对2017年装配式建筑的发展提出了具体要求——推广装配式建筑和合同能源管理，加强建筑废弃物源头减排和综合利用，新增绿色建筑面积800万m^2。

2017年，深圳市已竣工装配式混凝土结构建筑项目共13个，总建筑面积104万m^2；在建和计划开工的装配式混凝土结构建筑项目共39个，总建筑面积逾400万m^2，6个EPC管理模式项目；其中，7个新出让土地项目，建筑面积109万m^2；装配式钢结构项目共17个，总建筑面积266万m^2。截至2017年末，全市装配式建筑总规模超过1000万m^2，项目已覆盖了全市各区，项目类型从住宅类型扩展到涵盖公寓、写字楼、学校、变电站等多种类型。

2017年11月，经住房城乡建设部批准，深圳市荣膺国家首批装配式建筑示范城市。

2018年，深圳市装配式建筑项目出现了爆发式增长，3年内新增装配式建筑项目面积增长了11倍，装配式建筑总面积已突破1100万m^2。

目前，装配式建筑涵盖了商品房、公寓、保障房、写字楼、别墅、学校等市场类型。深圳以市场主导、政府奖励为两个抓手，推进装配式建筑项目落地。

3.2 主要发展经验

3.2.1 加强顶层设计，强化政策扶持

深圳市先后印发实施了《关于推进深圳住宅产业化的指导意见（试行）》（深建字〔2014〕193号）、《关于加快推进装配式建筑的通知》（深建规〔2017〕1号）、《深圳市住宅产业化项目单体建筑预制率和装配率计算细则（试行）》（深建字〔2015〕106号）、《深圳市装配式建筑（住宅产业化）项目建筑面积奖励实施细则（试行）》（深建科工〔2016〕38号）、《深圳市住房和建设局关于装配式建筑项目设计阶段技术认定工作的通知》（深建规〔2017〕3号）等一系列相关重要政策文件，深圳市住房和建设局会同市规划国土委等市各相关部门，从多方面推出了支持和鼓励措施，促进全市装配式建筑加速有序发展。

在深圳市政府《关于印发打造深圳标准构建质量发展新优势行动计划（2015—2020年）的通知》（深府函〔2015〕1号）中，已提出“建筑产业现代化全面推行，城市建设质量全面提高”作为提高城市建设标准的战略目标，经市政府批准发布实施的《深圳市建设事业发展“十三五”规划》也通过专门章节对推进建筑工业化、发展装配式建筑进行重点部署，制定了相关规划发展目标、指标、任务和落实的措施。

为适应装配式建筑发展的需求，深圳市主管部门进一步优化施工许可、质量监管和验收、预售许可等相关手续，对已经办理立项手续的装配式建筑项目，可通过签订工程质量安全监管协议，办理提前介入登记手续；配合装配式建筑项目穿插施工作业，实行建筑工程分段验收。对符合条件的商品房装配式建筑，可提前1/3办理预售。

在深圳市建筑节能发展资金中重点扶持装配式建筑和BIM应用，对经认定符合条件的示范项目、研发中心、重点实验室和公共技术平台，给予最高200万的资助。

2017年发布并落实了《关于加快推进装配式建筑的通知》（深建规〔2017〕1号）（以下简称《通知》）。从实施范围、招投标、施工许可、质安监督、检测检验、竣工验收、

造价定额、绿建融合、资金扶持等环节全方位提出了支持和鼓励措施，优化建设行政管理流程，以适应装配式建筑发展的要求。《通知》提出，装配式建筑项目优先采用设计—采购—施工（EPC）总承包、设计—施工（D–B）总承包等项目管理模式。具有工程总承包管理能力和经验的企业（包括设计、施工、开发、生产企业单独或组成的联合体），可以承接EPC工程总承包、设计—施工总承包项目，实施时具体的设计、施工任务由有相应资质的单位承担。深圳在推进装配式建筑工作中全面推广EPC模式，注重能力认证，淡化资质要求，综合建筑市场综合改革制定相关政策，鼓励只有单项资质的单位参与EPC工作中来，有利于深圳市场培育。

《通知》还提出，经认定符合装配式建筑相关技术要求的项目，通过建筑节能专项验收和竣工验收后可认定为深圳市铜级绿色建筑。对预制率达到40%、装配率达到60%及以上的装配式建筑项目，可以在现行深圳市评价标准等级的基础上提高一个等级，将装配式建筑与绿色建筑相结合发展。《通知》同时提出，装配式建筑提前开工、BIM技术应用、工程评优等政策支持的具体措施。

《深圳市装配式建筑（住宅产业化）项目建筑面积奖励实施细则》中提出：对于存量土地自愿实施装配式建筑的住宅给予3%的建筑面积奖励以及提前预售优惠政策，明确了从提出申请、方案申报、设计阶段技术认定、用地规划许可变更、施工图审查、工程规划验收等节点建设单位申请建筑面积的办理要求，有力地促进更多的企业参与实施装配式建筑。对未按要求实施装配式建筑的，政府主管部门将收回奖励面积，并记入企业诚信档案。

3.2.2 开展技术研究，提升建筑质量

组织开展《深圳市PC建筑外墙节能集成技术研究》《深圳市超高层保障性住房工业化结构体系前期研究项目》《深圳市MINI公寓标准化产业化研究》《GRC复合钢筋混凝土预制外墙制作技术研究》《钢结构建筑工业化技术要求》等11项课题攻关，为深圳市装配式建筑发展解决技术难题，使质量通病得到低成本解决。

本着打造工程质量初心，着重解决工程质量通病，减少现场湿作业，深圳市已实施的装配式建筑项目均取得了很好的反响，出现深圳万科、华润置地、招商蛇口、花样年等企业主动要求采用装配式建造，涌现出深圳裕景幸福花园、哈尔滨工业大学项目预制率达到50%以上，深圳龙华变电站项目预制率高达68%和全国最高的148m装配式建筑——中海天钻项目。

3.2.3 明确标准技术，健全计价定额

深圳市发布了《预制装配整体式钢筋混凝土结构技术规范》SJG18-2009、《预制装配钢筋混凝土外墙技术规程》SJG24-2012《深圳市住宅产业化项目预制率和装配率计算细则（试行）》（深建字〔2015〕106号），明确了装配式建筑项目技术要求，规范了装配式建筑项目建设管理工作。

深圳市通过充分发挥专家的作用，提高深圳装配式建筑政策制定、技术咨询等重要事项论证工作的科学性和规范性。通过深圳市行业专家征集和筛选工作，发布了深圳市装配式建筑（建筑工业化）专家库第一批入库专家名单，共计68名。组织编制了《装配式混凝土结构建筑设计文件深度规定》《装配式混凝土构件制作与安装操作规程》等标准规范，从设计和构件生产、安装等环节提供技术指引。《深圳市保障性住房标准化设计图册》于2015年正式发布实施，内容包括12个标准户型和10个组合平面标准化设计图集、BIM模型库和部品构件库。

深圳市组织编制了《深圳市装配式建筑工程消耗量定额》（2016），完善了装配式建筑工程成本计价体系。在《深圳市建筑和市政工程概算编制规程2015》增加了专篇，明确可根据预制率和装配率等指标要求，增加增量成本分析。通过收集装配式建筑工艺和措施的增量费用，编制了装配式建筑计价定额标准，每季度在《深圳建设工程价格信息》中发布装配式建筑构件及部品市场区间价格。

3.2.4 孵化示范基地，培育示范工程

经过培育和指导，深圳的万科集团、中建国际、嘉达高科、华阳国际、中建钢构、华森设计、鹏城建筑、筑博设计等8家企业荣膺国家装配式建筑产业基地。

2016年，装配式建筑示范基地和项目已覆盖全产业链，基地包含了投资开发、建筑设计、预制建造、智能化等多个领域，实现了产业链覆盖，另外还孵化了40个市级示范基地和项目，培育了3个国家康居示范工程。

3.2.5 加强宣传培训，保障建设人才

深圳充分发挥了行业协会和装配式建筑专家委员会力量，让尽量多的社会声音传达到政策和各项目推进措施制定中来，所以推行的政策均得到较大的社会认可。另外，行业内设计、施工力量和预制构件的产能均有较好的平衡，未出现产能过剩或供不应求的情况，

营造出的良好氛围，是装配式建筑项目推进的有力保障。

为提高行业对装配式建筑的认识、提升行业技术水平、保证装配式建筑工作的推进，深圳市2016年已主办6期装配式建筑系列培训及2期BIM技术培训。针对建筑管理部门、建设单位、投资单位、设计单位、施工单位和审图公司等几类不同业务类型，分别开展了装配式建筑设计、施工及安全事故监管等内容培训。

3.3 未来发展路线

3.3.1 健全法规政策，完善体制机制

加大法规政策力度。充分利用特区相关立法优势，制定市政府相关规章及以上层级的装配式建筑促进政策，明确实施范围、实施主体、政策保障、技术保障、工作要求和相关责任，固化和完善建筑面积奖励、提前预售、资金补贴等激励措施，全面扩大激励政策对不同结构体系和项目类型的受惠覆盖面，促进各区、各部门共同推进装配式建筑工作，形成齐抓共管的良好局面。修订完善建筑废弃物减排与综合利用政策，禁止和淘汰落后的建造技术，落实建筑垃圾排放制度，提高施工环保标准，倒逼工程建设项目向新型绿色建造方式转变。

加快完善管理制度。改革创新市场准入机制，大力实施行业星级评价，提高深圳建筑部品部件的准入门槛，限制和禁止低品质的产品进入建筑市场，建立建筑市场部品部件清出制度。完善装配式建筑工程项目管理体系，优化装配式建筑工程项目在立项申请、规划设计、技术认定、施工图审查、工程监理、监督检测、工程造价、工程验收等阶段的管理流程。

强化统筹工作机制。建立市政府装配式建筑工作联席会议制度，建立健全由市住房和建设主管部门牵头，市各相关职能部门参与的发展装配式建筑工作协调机制，加大指导、协调和支持力度，加强发展改革、规划国土、住房建设、建筑工务等部门在项目建设全过程信息互通。完善市、区（含新区）装配式建筑工作联系沟通机制，实时月报制度，定期通报、交流和部署全市装配式建筑工作。严格执行项目属地管理制度，强化全市装配式建筑项目各环节的监督与指导。

3.3.2 统筹规划布局，加大实施力度

以用地环节作为重要抓手，扩大装配式建筑项目的类型和实施范围，分区域、分重

点、分类型、分地块落实装配式建筑建设要求。

抓住源头推动。将装配式建筑相关要求备注在各地块的土地规划要点中，并在项目供地方案和土地出让合同中予以落实。

分区考核制度。建立考核制度，将装配式建设任务下放到各区政府（新区管委会），由各区政府（新区管委会）负责具体装配式建筑建设指标的落实。

3.3.3 强化技术支撑，实施标准战略

围绕装配式建筑结构体系、内装体系、施工工法、生产工艺和部品部件等，开展技术攻关，加大装配式建筑前沿技术、重大关键共性技术研究，推进深圳市建设科技创新，打造科技创新新高地。

选择适宜结构体系。大力推广装配式混凝土结构建筑，超高层、大跨度建筑大力推广钢结构、钢—混组合结构。

推广成熟可靠的技术。大力推广采用预制部品部件，研发推广整体内装集成技术，定期发布先进成熟可靠的新技术、新产品、新工艺。

本地化标准体系。编制装配式建筑技术应用指引，制定适合深圳市的装配式建筑评价标准，构建与国家技术体系相衔接、适合本地特点的装配式建筑标准体系。

造价定额体系。修订完善深圳市装配式建筑工程定额、工程量清单计量规则等计价依据，在深圳建设工程价格信息网站中定期发布相关市场参考价格。

3.3.4 全过程一体化，提升建设品质

以设计、生产、施工、装修等全产业链的各个环节入手，以设计为先导，全面提高装配式建筑的建设品质。

标准化设计。推行标准化与多样化协调统一的模块化、精细化设计，促进设计、生产、装配的一体化。

工业化生产。建立以标准部品部件为基础的专业化、规模化、信息化生产体系，搭建部品部件库和电子商务平台。

装配化施工。编制施工工艺和工法，加快应用装配式建筑施工技术，推行结构工程与分步分项工程协同施工新模式。

一体化装修。鼓励采用主体结构与管线相分离的技术体系，积极鼓励和引导干法施工，减少现场湿作业；开展装配化装修试点示范工程建设。

3.3.5 创新建设模式，加强质量监管

大力推行工程总承包，突破设计、部品部件生产、施工相互分离的瓶颈，实现设计、生产、施工等各环节的深度融合，打造集约高效的新型建设方式。

工程总承包模式。大力推行工程总承包模式，完善装配式建筑项目的招投标制度。

全过程工程咨询。选择有条件的装配式建筑项目开展全过程工程咨询试点。

政府项目示范。对于政府投资项目应该按照高标准、高要求建设示范样板工程，达到国家评价标准相关要求，发挥示范带头作用，促进行业发展。

工程质量监管。落实预制构件质量控制和进场验收制度、装配式结构首层验收制度、穿插式施工分部分项验收制度。强化事中、事后监管，提高装配式建筑预制构建的检测和抽查比例，从源头确保预制构件质量。

3.3.6 培育市场主体，发挥行业自治

鼓励龙头企业做大做强，积极引进国内外先进的技术和管理经验，强强联合，最大限度地整合上下游企业，优化市场环境，加快装配式建筑规模化进程，促进建筑产业转型升级。

提高实施能力。提升开发建设、工程总承包、设计、部品部件生产、施工等单位的能力。

培育龙头企业。招大引强与本土支持并重，支持本土企业转型发展。

产业基地。积极推动核心龙头企业创建涵盖建设、设计、生产、施工等全产业链的装配式建筑产业基地。

行业自治。建立装配式建筑全行业信用评价体系和不良行为发布机制，制定优质部品部件供应商名录，统一行业服务标准。

3.3.7 建立人才体系，强化队伍建设

建立人才队伍培养和发展的长效机制，培养市场急需的管理和技术人才，着力发展产业工人队伍，打造装配式建筑各层级人才梯队。

全方位培训。分类开展培训，开发推广网络课程。坚持产教融合、校企合作，促进校企联合招生、联合培养、一体化育人的现代学徒制培养方式。

工匠精神。支持行业协会举办装配式建筑工匠评选活动，鼓励深圳市装配式建筑优秀

技能人才参加国际性职业能力大赛。

实训基地。支持有条件的企业与行业协会联合建立装配式建筑综合性实训基地，大力推进企业新型学徒制。

人才培养。大力推进装配式建筑专业技术职称评审工作，建立装配式建筑相关职业技能鉴定体系，建立装配式建筑高端人才引进及激励机制，并纳入深圳市有关人才政策范围。

3.3.8 对标国际先进，实现融合发展

装配式建筑是建设科技领域创新的新引擎，以科技创新为支撑，以绿色发展、信息化应用、智能建造为发展方向，全面提升深圳市建筑行业的科技贡献。

绿色化发展。将装配式建筑作为提升绿色建筑发展的重要抓手，装配式建筑100%全面执行绿色建筑标准。

信息化融合。建立深圳市装配式建筑项目信息化管理平台，实现全市装配式建筑项目统一高效管理。

智能建造。将装配式建筑智能建造列入《深圳市智能建造2025发展规划》，推进建造过程智能化升级改造。

3.4 存在的问题及建议

3.4.1 技术体系不够完善

国内目前还都是企业自行研发，不够连续，没有形成一个完善的体系。

建议制定建筑工业化技术路线图和建筑工业化项目的认定标准，逐步构建与国家技术体系相衔接、适合深圳气候特点的建筑工业化技术标准体系。

3.4.2 配套部品研发不足

配套的部品企业研发不够，尤其是挂板企业、保温一体化企业等，跟建筑整个接口还都不是特别完善。

建议可以通过继续加强研发、加强信息化，鼓励相关企业加入联盟等方法融入装配式

建筑行业。

3.4.3 初期成本过高

由于装配式建筑尚处于起步阶段，缺乏规模效应，成本较高，加之设计和施工经验不足，技术路线还不成熟。项目的建设成本较一般建造方式高出不少，阻碍了装配式建筑发展的速度，挫伤了积极性。

建议可以通过出台扶持政策弥补项目的建设成本，促进更多的企业投入装配式建筑的建设中。

3.5 项目案例

深圳龙悦居三期项目

1）项目概况

本项目是华南地区的第一个采用装配式建造的保障性住房项目。该项目总建筑面积约21.6万m^2，整个小区由六栋26~28层高层住宅组成，包含35m^2、50m^2、75m^2三种户型共4002套。设计采用“模数化”“标准化”“模块化”“工业化”设计理念，以实用、经济、美观为基本原则，发挥工业化优势，控制造价，让装配式建筑的推广价值得到体现。

2）装配式技术应用情况

（1）建筑专业

标准化设计是装配式建筑设计的基础，从住宅单元或房间单元标准化过渡到整幢建筑的标准化，以致最后达到标准体系，这是标准化住宅发展的一个普遍的过程。本项目在模数网格基础上形成三种标准化户型单元，再进行简单复制、镜像组合形成标准组合平面，同时也实现外墙种类最少化与标准层公共空间配置标准的一致。

预制构件按照应用的位置分为外墙、外廊和楼梯，根据每个部位的预制构件按照三种按户型模块进行分类，通过协调优化实现模具种类数量最少。本项目中外墙经过优化设计后使用三种模具（以单体户型模块为一个基本单位，按42m和44m设计外墙标准构件宽度），外廊使用三种模具，楼梯使用一种模具。一个标准层的构件模具又可以应用在整栋交楼的标准层上，进行重复使用，通过这种设计手法降低现场施工的误差值和提升模具的使用周转率，实现整个项目施工设备的经济性。

（2）结构专业

该项目为外挂板式现浇剪力墙预制结构工法体系在深圳市实际项目中的第一次大规模应用。主体结构采用现场浇注混凝土，外墙采用预制混凝土构件，不参与主体结构受力。

连接节点设计：项目中针对不同部位的预制构件连接节点都进行了标准化设计，有利于构件生产标准化和现场施工连接作业标准化。如预制墙体与柱子交接处、预制外墙转角处的连接构造、预制外廊与梁连接处的节点构造处理等（在后期的项目中，通过利用相同的连接方式实现不同方式的凸窗外墙设计），通过节点的独到设计降低整个项目的施工复杂程度防水设计：项目中预制外墙拼接防水采用构造防水与材料防水相结合。为避免材料年久失效需要更换的隐患，通过合理设计预制外墙侧面的企口、凹槽、导水槽等达到构造防水的要求（竖直缝设置空腔构造与现浇混凝土构造排水，水平缝设置排水槽构造与反坎构造防水）。墙体内、外侧辅以防水胶条（硅酮密封胶）达到材料防水的要求，同时起到防尘、保温及确保外墙面的整体效果。

（3）施工技术情况

预制墙板顶部采用固定连接，两侧及底部自由的悬挂式连接技术。预制墙板顶部预留封闭箍形式悬挂于外周梁侧面，为保证墙板与梁的可靠受力在与梁相交部位设置抗剪槽；为了防止预制墙板形成平面外的悬臂构件，设计在墙底部设置了每块墙板不少于2个的限位连接件，使其在平面内可以变形以释放在风、地震荷载作用下的层间变形且控制平面外的变形。墙底部限位连接件与施工时墙板的调整定位结合使用，提高重复利用率，以最大限度地节约经济成本。

4 沈阳

4.1 产业发展及现状

2009年，沈阳市委、市政府根据产业结构调整和转型升级的要求，作出了建设现代建筑产业园、大力发展现代建筑产业的重大战略部署，先后出台了《关于加速发展现代建筑产业若干政策的通知》（沈政发〔2010〕54号）、《沈阳市关于全面推进建筑产业现代化发展的实施意见》（沈政发〔2015〕57号）、《沈阳市推进建筑产业现代化发展若干政策措施》（沈政办发〔2015〕95号）等重要文件；研究制定了《沈阳市现代建筑产业发展规划》。

2011年，沈阳率先在保障性公租房等政府投资工程建设中全面采用产业化方式建设，惠民新城、惠生新城、安保大厦、南科大厦等一大批政府投资的装配式建筑工程全面建设。

2012年，装配式建筑和现代建筑产业产值首次突破1000亿元；地铁丽水新城1期30万m^2内浇外挂板剪力墙体系，完成主体施工。

2013年，沈阳市在二环内土地出让中加入采用产业化方式建设要求，实现产值1536亿元，开工建设450万m^2。

2014年，扩大到三环，目前又扩展至全市行政区域（除新民市、法库县、辽中区、康平县外），进一步推动了房地产开发项目采用产业化方式建设，万科、华润、金地、荣盛等开发企业都积极应用装配式技术建设，中南世纪城、积水裕沁府、亚泰城等项目也主动采用产业化方式建设，使沈阳现代建筑产业进入了市场化应用阶段，并实现产值1918亿元；共有37个项目按产业化要求建设。沈阳市成为国家现代产业化示范城市。

2015年，规模以上工业增加值分别占沈阳规模以上工业的14.9%和全市地区生产总值的6.6%，成为沈阳第三大优势产业，在当地经济发展中占据举足轻重的地位，已成为沈阳经济发展新的经济增长点和重要的新兴产业，并实现产值1268亿元，沈阳走出了一条先期由政府引导再逐步按照需求向市场化发展的道路。

2015年产业化建筑工程开工400万m^2，占新开工面积的20%以上，全年完成现代建筑产业产值1280亿元。

2016年沈阳现代建筑产业化工程项目300万m^2，截至2016年，沈阳已开工采用产业化技术的项目累计超过1200万m^2，占全市新建工程20%，已建成投入使用400万m^2。

目前，沈阳市现代建筑产业不仅已经成为沈阳第三大优势产业，还将进一步制定出台激励和扶持工程建设、产业配套、科技研发和服务平台发展的政策措施；设立现代建筑产业发展专项资金；在规划审批、工程建设等环节加大装配式工程项目扶持力度等。

沈阳市积极构建现代建筑全产业链，已成为全国首批装配式建筑示范城市。2017年新开工装配式建筑项目突破330万m^2，占总建筑面积的30%，提前实现了国家提出的2026年装配率达到30%的目标。

4.2 主要发展经验

4.2.1 明确发展目标，强化政策引导

沈阳市作为国内第一个提出现代建筑产业概念的城市，一直在探索创新中前进，遵循

"由点到面、有序实施、逐步推开"的总体思路，走出一条"招商引资——集聚企业，做大规模；政府引导——公用设施打样儿，树立形象；政策推动——强化引导扶持，逐步实现市场化"的沈阳路径，不仅实现了现代建筑产业的快速崛起，更成功创造了行之有效并可复制的"沈阳模式"，实现了由"试点城市"到"示范城市"的跨越。

沈阳市委、市政府率先提出了推进现代建筑产业化发展，打造现代建筑产业之都的战略决策，并创建国家现代建筑产业化试点城市。沈阳装配式建筑的发展首先通过以政府投资项目为引导，而后装配式建筑逐步向房地产市场发展。

为贯彻落实国务院办公厅有关文件精神，进一步推进沈阳市建筑产业现代化工作，全面建设国家建筑产业现代化示范城市，结合沈阳市实际，2015年12月沈阳市发布《沈阳市推进建筑产业现代化发展若干政策措施》（沈政办发〔2015〕95号），制定如下政策措施：第一、在政府投资项目中全面推广应用建筑产业现代化技术和产品；第二、加大房地产开发项目建筑产业现代化技术应用力度；第三、减免建筑产业现代化项目建设过程相关费用。具体政策如下：

（1）由市、区两级政府投资的建筑工程、市政工程（包括道路桥梁、园林绿化、轨道交通、综合管廊等配套基础设施工程）项目，在项目计划、土地划拨和立项阶段，须明确采用现代建筑产业化技术进行建设，并在项目建设过程中予以监督落实。由市、区两级政府投资的装配式建筑工程项目，鼓励推行设计、施工、构件生产一体化总承包模式。

（2）在沈阳市行政区域内（除新民市、法库县、辽中县、康平县外），房地产开发项目在土地出让时，须明确按照建筑产业化要求建设，项目整体预制装配化率须达到30%，商品住宅须实行全装修。推行装配式装修和土建、装修设计施工一体化，鼓励采用菜单式和集体委托方式全装修，推广应用整体厨房、整体卫生间、轻质内隔墙等装配式装修部品。

（3）土地出让时未明确要求但开发建设单位主动采用装配式建筑技术建设的房地产项目，在办理规划审批时，其外墙预制部分建筑面积（不超过实施产业化工程建筑面积之和的3%）可不计入成交地块的容积率核算（市规划国土局）。

经市建委认定的建筑产业现代化项目，给予如下优惠：

（1）对于项目预制装配化率达到30%以上且全装修的工程项目，免缴建筑垃圾排放费。

（2）采用装配式建筑技术的开发建设项目主体竣工后，墙改基金、散装水泥基金即可提前返还。

（3）采用装配式建筑技术的开发建设项目，社会保障费以工程总造价扣除工厂生产的预制构件成本作为基数计取，首付比例为所支付社会保障费的20%。

（4）采用装配式建筑技术的开发建设项目，可减半征收农民工工资保障金（市人力资源社会保障局）。

（5）采用装配式建筑技术的开发建设项目，安全措施费按照工程总造价的1%缴纳。

（6）采用装配式建筑技术的开发建设项目，土建工程质量保证金以施工成本扣除预制构件成本作为基数计取，同时采用预制夹芯保温外墙板的项目提前两年返还质量保证金。

（7）采用装配式建筑技术的开发建设项目，优先安排基础设施和公用设施配套工程。

沈阳大力发展现代建筑产业以来，市政府办公厅及市建委等多部门先后发布了多项关于推进装配式发展的政策文件，明确了总体思路、工作目标、重点任务、政策支持及保障措施。2018年1月沈阳市人民政府办公厅发布《沈阳市人民政府办公厅关于印发沈阳市大力发展装配式建筑工作方案的通知》（沈政办发〔2018〕28号），通知明确了2020年需完成的工作目标以及当前的重点攻坚任务。这些政策的发布有力支撑了沈阳市装配式建筑的发展。

4.2.2 构建标准体系，建立支撑体系

沈阳市先后编制完成了《装配整体式混凝土技术规程》和《预制混凝土构件制作与验收规程》等10部省级和市级地方技术标准，编制了《装配式混凝土叠合楼板》《混凝土预制楼梯》等标准化图集，预制楼梯、叠合楼板技术已经成熟，已开始在行业中广泛推广。《装配式剪力墙结构深化设计、构件制作与施工安装技术指南》等一批标准、规范编制完成并出版发行。逐渐形成了一套较为完整的产业化技术标准体系。完成了《装配式建筑钢筋混凝土预制构件补充计价依据》等定额；引进了日本鹿岛体系、宇辉集团、中南建设、亚泰集团等预制混凝土结构技术体系以及积水住宅、中辰钢构等钢结构技术体系。

同时，进一步完善科技支撑和服务体系建设。例如：沈阳市以沈阳浑南万融现代建筑产业园为基础，成立国家级现代建筑产业技术研发中心；以沈阳建筑大学、沈阳市建筑业协会、装饰装修协会为基础，成立了沈阳现代建筑产业培训中心。

目前，沈阳现代建筑产业已形成了多体系、多模式并存、竞争发展的良好态势，标准化预制装配式建筑技术和产品在城市建设中得到了广泛应用，预制装配率水平不断提高，现代建筑产业科研、设计、生产、施工、检测、管理队伍不断壮大，产业技术日臻成熟。

4.2.3 推进试点示范，扩大建设规模

通过以政府投资项目为引导，沈阳市装配式建筑开始向房地产市场发展。沈阳市以政府保障房为基础，积极开展装配式建筑试点示范工作，目前已经有万科春河里、沈北惠民新城、沈阳大学1号学生公寓楼、宏汇园保障房项目、汪家新城保障房、滨河保障项目、

勋望小学等为代表的共计95万m^2多个示范项目。沈北惠民新城项目采用的是装配整体剪力墙结构，预制装配率达到了65%；沈阳大学1号学生公寓楼是2016年装配式建筑科技示范项目，采用全钢框架结构。

4.2.4　培育市场主体，完善产业链条

沈阳积极推进现代建筑产业园区建设，吸引国内外知名企业纷纷落户沈阳。目前，现代建筑产业园主要有浑南建筑产业园、铁西建筑产业园、沈北亚泰建筑产业园以及法库陶瓷产业园；装配式建筑相关企业有日本鹿岛建设、积水置业、万科集团、黑龙江宇辉、长沙远大、中辰钢构等。

在政府的积极推动与企业的热情参与下，现代建筑产业产值及装配式建筑开工面积逐年提高。沈阳市还把现代家居产业纳入现代建筑产业的范畴，进一步延伸了现代建筑产业链条，推动现代家居产业向智能化、绿色化、定制化方向发展。

4.2.5　加大宣传培训，提高人员认识

经过数年的发展，沈阳市通过电视、电台、报纸、网络等媒介对装配式建筑进行广泛的宣传报道，产生了一定的积极效果，提高了装配式建筑在公众中的认可度。

每年一度的中国（沈阳）国际现代建筑产业博览会，是全国装配式建筑领域具有很强影响力的专业展会，为行业经验交流、新产品发布、开拓新市场提供了广阔舞台，起到了行业风向标的作用。沈阳集中展示了现代建筑产业的发展成果和成功经验，得到了社会各界的高度关注和广泛认可，使发展现代建筑产业在当地成为共识，营造了良好的舆论环境。

沈阳针对开发企业管理人员、专业技术人员、一线工人、质量安全监管人员等多个层面，充分发挥行业协会作用，开展技术讲座、专家研讨会、技术竞赛等培训活动，并在沈阳建筑大学、沈阳大学增设了现代建筑产业课程，使沈阳成为全国现代建筑产业培训和技术人才培养的前沿基地。

4.3　未来发展路线

沈阳市未来发展目标为：到2020年，全市装配式建筑占新建建筑的比例力争达到50%，商品住房全装修比率达到50%以上；培育4个以上装配式建筑产业基地和2个以上装

配式建筑科技创新基地，努力实现千亿产值，使以装配式建筑为主要特征的现代建筑产业成为沈阳市重要的科技创新型支柱产业。

4.3.1 加快推进项目建设

1）发挥好政府投资项目的产业化建设引领作用，推广应用工程总承包模式、建筑信息模型（BIM）及钢结构、木结构等低碳绿色新技术。由政府投资的建筑工程、市政工程项目要优先采用装配式方式建设，相关要求在土地行政划拨时提出，相关内容由项目建设单位和责任部门在方案设计中体现并在项目提报和工程建设审批环节中落实。

2）深入推进房地产开发项目的产业化建设，严把土地出让市场准入关。我市行政区域内用于开发建设（含回迁房）的土地，在出让时要明确装配式建筑及成品住宅建设要求，相关内容要列入土地出让合同。辽中区、新民市、法库县、康平县用于开发建设的土地，在出让时要明确项目预制装配率达到5%以上、商品住房成品化比率达到20%以上；其他地区楼面地价标准在2000元/m^{2}以上的，预制装配率达到30%以上、商品住房成品化比率达到100%，楼面地价标准在2000元/m^{2}以下的，预制装配率达到20%以上、商品住房成品化比率达到100%。

3）推进建筑全装修，提高商品住宅成品化率。鼓励商品住宅推行建筑与装修一体化设计，采用菜单式和集体委托方式进行成品住宅建设，推广应用整体厨房、整体卫生间、轻质内隔墙等装配式装修部品。完善成品住宅质量监管机制，培育第三方质量检测机构，实行一房一验。在房地产销售许可证或预售许可证发放前，开发建设单位须向市建委出具书面承诺。

4.3.2 推动全产业链发展

一是“抓龙头”，着力打造一批具有工程总承包能力的装配式建筑龙头企业。通过推行工程总承包方式建设，推动本地开发、设计、构件生产、施工等优势企业对上下游企业进行整合，着力打造一批具有工程总承包能力的装配式建筑龙头企业。引导并支持传统装备制造企业与国内外优势企业强强联合，成为国内装备制造龙头企业。支持技术咨询服务和装配式安装等本地优势企业实施“走出去”战略，给予企业相应的资质审批和升级等支持，为进一步开拓国内市场提供支持。积极培育一批装配式建筑产业示范基地和科技创新基地。

二是“建集群”，引进一批国内建筑标杆企业落户沈阳，合理规划并积极构建装配式建筑产业集群，加速产业集聚发展。充分利用沈阳市国家装配式建筑示范城市的优势，在发挥好现有产业园区优势的基础上，研究编制产业集群发展规划，积极培育、建设新的装配式建筑产业集群，通过项目落地盘活市场，带动产业投资增长，形成新的增长极。

三是"铸链条"，补齐产业链短板，努力实现千亿产值。发展装配式建筑设计、构件部品生产以及装备设备制造、施工、运输、装修和运行维护等全产业链，按照抓重点、补短板、强弱项的总体思路，结合产业集群发展规划，研究和梳理产业链构成，引导建筑行业部品部件生产企业合理布局，完善产品品种和规格，促进产品的专业化、标准化、规模化、信息化生产，优化物流管理，合理组织配送；提升设计企业通用化、模数化、标准化以及一体化集成设计能力；充分发挥沈阳市装配制造、人工智能等优势，积极引导设备制造企业研发部品部件生产装备机具，提高智能化和柔性加工技术水平，努力实现沈阳市现代建筑产业千亿产值的目标。支持施工企业编制申报施工工法，提高装配施工技能，实现技术工艺、组织管理模式、技能队伍建设的转变。

4.3.3 完善技术标准体系

一是加快完善技术标准体系，引导建设单位用标准化理念建设装配式建筑项目。进一步完善装配式建筑的设计、生产、施工验收等技术标准，加强建筑工程标准化设计研究，形成一批标准化设计图集，引导开发建设单位以标准化理念建设装配式建筑项目，推进标准化程度高的节能环保型新技术、新材料的研发和应用。

二是制定建筑信息模型（BIM）技术应用相关政策措施，推进BIM技术应用。制定沈阳市BIM技术应用相关政策措施，编制技术应用系列标准。以政府投资项目为主体，推进BIM技术应用，形成一批示范项目。建立BIM技术构件库、部品库，转变传统建筑设计方式。

三是加大科技投入力度，市科技创新专项资金对装配式建筑相关企业和科研院所，在科技研发、重大科技成果转化、重点实验室建设等方面给予支持。

4.3.4 实行全过程监管

一是改革项目组织实施方式，推行工程总承包制。在政府投资的装配式建筑工程中，试点应用工程总承包模式，建设一批试点项目，培育一批本地装配式建筑工程总承包龙头企业。通过试点项目建设，完善与总承包方式相适应的施工图审查、招投标、施工许可、分包管理、工程造价、竣工验收等管理制度和操作流程。

二是深化产业化项目监管制度改革，利用“多规合一”平台对沈阳市产业化工程项目实行契约化监管。依据土地出让合同或划拨协议关于装配式建筑和成品住宅等技术指标条款的约定，在规划许可、施工图审查、施工许可、质量安全监督、竣工验收备案等环节，增加装配式建筑监管专项内容，对未履约和不符合要求的，不得办理转续等工程建设手续，将开发建设单位不良行为录入诚信体系档案。

三是提高工程质量和安全管理水平，建立政府引导与市场配置协调的工程管理模式。坚持精致建设理念，建立装配式建筑工程全过程管理制度。利用质量追溯系统实现从部品部件生产到装配施工及验收的全过程工程管理。探索建立开发建设单位向生产企业派驻监理的部品部件生产第三方驻厂抽检机制，实施首件试拼装制度。装配式建筑工程可实行分层、分阶段验收。研究建立构件生产企业质保体系和优质产品推荐目录管理制度。

4.3.5 强化政策引导作用

一是加大财政政策支持，设立装配式建筑专项扶持资金。每年预算安排建筑产业化示范工程建设扶持资金5000万元，报市政府审定，用于支持产业化装配式示范工程建设，单个项目最高补贴500万元。

二是从浮动限价、提前预售、成品住房装修成本税前扣除和优先给予购买装配式商品住房的购房者信贷政策支持等方面加大装配式建筑房地产开发政策支持力度。

三是从申报高新技术企业、联合投标、政府投资项目优先采购部品目录产品、传统装备制造、建材企业跨建筑、工业门类享有相关政策、部品部件可享受增值税即征即退以及超大型构件运输审批等方面，加大装配式建筑相关生产、制造企业政策支持力度。

4.3.6 强化队伍建设

一是加强产业队伍培养，打造国家级的装配式建筑咨询服务和培训产业基地。成立沈阳市装配式建筑协会及装配式建筑产业技术创新联盟，充分发挥行业协会、联盟企业、大专院校等积极性，加快提升产业队伍建设。推动装配式建筑技术咨询服务市场化发展，依托沈阳市咨询培训先发优势，将沈阳市打造成为国家级的装配式建筑咨询服务和培训产业基地。

二是注重宣传引导，努力营造装配式建筑发展的良好氛围。充分利用电视媒体、网络平台、工地围栏广告等媒介。

三是全力办好中国（沈阳）国际现代建筑产业博览会（以下简称“建博会”），放大建博会品牌集聚效应。做大做强沈阳现代建筑产业博览会品牌，进一步提升沈阳市作为国家装配式建筑示范城市的影响力，发挥带动引领作用。

4.4 面临的问题及建议

4.4.1 钢结构造价高，接受度低

沈阳市已示范建设了一批以沈阳大学学生公寓项目、铁西勋望小学为代表的学校、医院等钢结构项目。“十三五”期间，沈阳将在政府投资的公共建筑工程中全面推广钢结构技术应用；加快钢结构建筑配套体系完善，推进预制保温围护一体化外墙板在钢结构建筑及多层、高层住宅中的应用，建成一批钢结构体系住宅示范项目；探索钢—木组合技术的应用，建设一批钢木组合式节能建筑示范项目。

目前出现的问题主要体现在以下几个方面：

1）造价高

钢结构住宅在美国、加拿大、日本等国家使用已十分普遍，而我国只是近年来才出现了少量的钢结构住宅建筑。钢结构住宅在我国没得到开发商和业主的重视，很大程度上是与我国国民的观念有关。人们普遍认为钢结构用钢量大、造价高，不符合我国的消费水平，存在片面的认识。

2）钢结构住宅的防火、防腐问题

钢的物理性能决定了钢结构住宅必须考虑防火、防腐问题。按照我国防火、防腐规范要求，必须涂刷防火、防腐涂料或采取其他措施，传统的涂刷防火、防腐涂料的方法将会大大增加工程造价，在达到防火、防腐要求的同时，最大限度地降低防火、防腐成本，需要尽快找到合理的解决方案。

3）大众习惯和理念不认可

自古以来，老百姓已习惯青砖大瓦房，对钢结构房屋缺少认识，特别是“911坍塌”，在大众心理已留下阴影。

4）配套部品、部件工业化程度低

钢结构住宅是一个复杂的技术与部品、材料集成，是住宅产业逐步实现现代化的发现方向和必然产物。因此，钢结构住宅首先要实现工业化。但目前钢结构住宅相关的、技术成熟的部品、配件，或缺乏，或工业化程度低，特别是墙体、楼板、阳台、楼梯等，湿作

业较多，导致目前的钢结构住宅基本上处于“穿T恤打领带”的尴尬境地。

4.4.2 工业化内装成本高

虽然工业化内装施工不需要大规模的现场施工，但对部品的要求较高，工业化内装需要以工业产品的形式进入工业化内装建筑市场，会征收较高的增值税，因此如果在相关配套的工具设备以及技术管理条件没有具备的情况下，还是会倾向于采用传统的现场施工方式，在劳动力成本没有上涨到一定高度的情况下，采用传统的现场施工方式仍有较大优势。

4.4.3 预制构件生产管理难

预制构件在工厂集中生产，在一定程度上相当于部分施工现场向加工厂的转移，对构件加工的过程、成品的数量和质量的管理和监督增加了难度。目前国内对结构部品无认证方法和制度，工厂生产的构件无质量保证。现实版的“所谓的工厂生产”，大多是把现场的手工作业照搬到工厂，机械化程度提高不大。

由于构件非标准化，个别构件出现质量问题如何处理，进度与质量关系如何保证，是目前施工现场问题主要矛盾。

4.4.4 一体化集成设计难协同

传统的现浇混凝土结构在设计时，建筑、结构、电气等一次进行，相对独立，待施工时根据反馈问题对图纸进行变更，因此设计阶段的管理集中在后期。而装配式结构在设计之前就需要考虑装配式构件的深化设计、构件的生产和运输、施工现场的构件连接、后期的住宅维护等问题，因此对设计阶段的管理增加了技术难度和工作强度。

4.4.5 人才需进一步保障

装配式构件的现场组装依托于新的连接工艺和保温措施，施工管理人员需要对装配式技术有深入透彻的了解，对施工现场的布置、人员的调配和连接质量的检测需要有新的管理方法。

4.5 项目案例

4.5.1 沈阳地铁惠生新城公租房项目

地铁惠生新城（公租房）项目，地址位于沈阳市沈北新区秀园一街2号，由沈阳地铁房地产开发有限公司于2012年1月开工建设，总用地面积为99621m^2，建筑面积25.13万m^2，共30栋18层楼，4174套。

项目由沈阳地铁房地产开发有限公司负责开发，亚泰集团沈阳现代建筑工业有限公司是该项目的预制构件供应商。该项目2层以上全部采用装配式施工方案，预制率超过85%（预制构件部分达到65%），使用产品包括预制外墙板、内墙板、叠合楼板、楼梯、空调板、PCF板等预制构件，2013年10月开工建设，2014年8月主体完工。

沈阳市开展了公租房标准户型设计、全装修精细化设计、构件拆分设计等工作，并最终形成标准图集。同时，建立了保障房部品采购平台，推进部品规范化、批量化政府招标采购，进一步提高保障性公租房建设质量，降低工程造价。此外，公租房建设将全部采用全装修和环保节能的整体卫浴、整体式橱柜等部品，以此达到拎包入住的条件，同时推进现代建筑产业化部品规模化工程应用，引导相关建筑部品生产企业在沈投资设厂。

装配式剪力墙体系是由预制混凝土构件或部件通过采用各种可靠的方式进行连接，并与现场浇筑的混凝土形成整体的装配式结构，其中剪力墙结构中剪力墙全部或部分采用预制构件的装配整体式混凝土结构。采用装配式剪力墙体系，构件生产可以实现工厂化，产品质量好；现场装配施工，缩短工期；部件标准化定型设计，通用性强；机械化规模加工，节约人工；产业一体化，产品集成度高；节能减排，保护环境。

图1-4-1 沈阳地铁惠生新城公租房项目建设图

图1-4-2 项目所用预制构件图

5 济南

5.1 产业发展现状

济南作为全国第三个住宅产业化试点城市，2014年8月就出台了相关政策，后来又发布了装配式住宅建筑层高指导标准，已在装配式建筑推广方面先行一步。

政府投资或主导的文化、教育、卫生、体育等公益性建筑以及保障性住房等项目率先引入装配式建筑，还出台了相应的政策鼓励建筑企业采用装配式的建筑形式。同时还提出加快培育建筑产业化企业集群，培育实体经济新的增长点的要求。这些措施都在加快推动济南市装配式建筑发展，为实现建筑产业转型升级奠定基础。

济南市已经有200多个项目采用装配式建筑，总建筑面积超过1471万m^2，包括万科金域国际、济水上苑、西客站安置三区配建小学等。

住房城乡建设部印发的《2016年科学技术项目计划——装配式建筑科技示范项目》，全国共有119个项目列入该计划，其中济南港新园公租房项目等18个示范项目位列其中。济南市的18个项目几乎涵盖了装配式建筑的全产业链，从部品生产、运输到组装、建造，均有示范项目位列其中。从试点项目来看，济南市装配式住宅产业发展因地制宜，装配式住宅可以改善结构精度、渗漏、开裂等质量通病，提高隔声、保温、防火等性能，便于系统维护、更新，而且极大提升了建筑速度。

5.2 主要发展经验

5.2.1 明确发展目标

《济南市加快推进建筑（住宅）产业化发展的若干政策措施》（济建发〔2014〕17号）中提出，济南绕城高速以内地区，为济南市建筑产业化技术应用的重点区域，将优先发展装配式建筑，鼓励不断提高装配式建筑的预制装配率。在该区域内的新建住宅、商业、办公、厂房、教育等民用建筑项目，落实采用建筑产业化技术建造的建筑面积比例，2014年不低于20%，2015年不低于25%，2016年不低于30%，2018年不低于50%。其他地区根据产业发展状况参照执行。同时，济南市城乡建设委员会发布了“建筑单体预制装配率计算规则”的通知，为各有关单位统计和计算建筑单体预制装配率提供了依据。意见提出编制实施《山东省装配式建筑发展规划（2017–2025年）》，大力发展装配式混凝土建筑和钢结构建筑，在具备条件的地方发展现代木结构建筑，推动建设产业转型升级和绿色发展。

5.2.2 加大政策扶持

为加快济南市建筑（住宅）产业化发展，推广建筑产业化技术应用，推进建筑产业现代化，促进建筑节能减排、建筑业转型升级和生态文明城市建设，培育实体经济新的增长点，鼓励开发企业积极应用装配式建筑技术，济南市制定了一系列扶持措施。

1）建筑产业化技术应用政策

（1）保障性安居工程项目等政府投资类项目，因实施建筑产业化技术而产生的增量成本计入项目建设成本。

（2）以“招拍挂”方式供地的建设项目，市住宅产业化工作领导小组每年底提出济南市下一年度的建筑产业化技术要求，市国土资源局将该技术要求列入土地出让文件和土地出让合同。

（3）《济南市加快推进（住宅）产业化发展的若干政策措施》措施发布之前，已取得土地使用权的建设项目，项目建设符合当年建筑产业化技术要求的，预制外墙计入建设工程规划许可建筑面积，该建筑面积不超过该栋建筑地上建筑面积3%的部分可不纳入地上容积率核算。开发企业在申请办理建设项目规划许可手续前，应当向市城乡建设委提交装配整体式建筑建设方案，建设方案应包括规划设计方案、项目建设计划、建筑结构类型、预制构件具体部位和总量、预制外墙的部位及其建筑面积等内容。市城乡建设委对建设方案出具审核意见，明确预制外墙建筑面积。开发企业在建设工程规划许可证申请表中应注明该部分面积数据。市规划局依据市城乡建设委的审核意见，在核发项目建设工程规划许可证时，对审核意见中明确为预制外墙的建筑面积按上述规定不纳入容积率核算。

（4）墙体全部采用预制墙板的民用建筑项目，全部返还墙改基金。

（5）采用建筑产业化技术开发建设的房地产项目，依据建筑部品（件）订货合同和生产进度，订货投入额计入项目总投资额，经市城乡建设委认定后，可在项目施工进度到正负零时提前申领《商品房预售许可证》。

（6）满足当年建筑产业化技术要求且建筑单体预制装配率达到60%以上的建筑项目，可享受以下优惠政策：可申请城市建设配套费缓交半年；开发企业支付部品（件）生产企业的产品订货资金额达到项目建安总造价的60%以上的，经市城乡建设委认定后，可提前一个节点返还预售监管资金。

2）建筑部品（件）生产安装政策

（1）符合市工业产业引导资金规定的建筑部品（件）生产企业、建筑产业化装备制造企业，可申请市工业产业引导资金。

（2）符合本文规定的建筑部品（件）生产企业，可按照《济南市节能专项资金使用管理暂行办法》申请节能专项扶持资金。

（3）具有构件生产能力且总投资达到一定规模的工程总承包企业，在招投标时给予加分奖励；工程建设按照设计、构件生产、施工、安装一体化的总承包企业，工程招投标时，在同等条件下优先中标。

（4）设计、施工、安装、监理等企业参与建筑产业化项目建设达到一定规模的，在招投标时给予加分奖励。

（5）经省科技厅认定的高新技术企业，按照15%税率缴纳企业所得税。

（6）鼓励企业科技创新，加快建设工程预制和装配技术研究，并优先列入市城乡建设委科技项目专项计划，优先给予成果奖励，优先推荐上报更高层次科技计划和奖励。

（7）支持企业研发生产具有环保节能等性能的新型建筑部品材料和新型结构墙体材料，经评审立项后，市科技局以后补助方式给予扶持。

（8）2014~2018年，每年由市城乡建设委、市经信委、市科技局认定3~5个企业为市级建筑产业化基地。2018年以前，从市级产业化基地企业中推荐3~5个优秀企业入选省级或国家级建筑产业化基地。

5.2.3 完善标准体系

济南发布了装配式住宅指导标准，经济南市建筑（住宅）产业化专家委员会专家论证，济南市装配式住宅建筑层高宜为2.9m，该标准作为各有关单位在装配式住宅建筑层高设计的参考依据。

2014年推行了许多国家标准和地方标准规范，例如《装配整体式混凝土结构工程施工与验收规程》J12811、《装配整体式混凝土结构工程预制构件制作与验收规程》J12810、《装配式混凝土结构技术规程》JGJ 1、《装配整体式混凝土结构设计工程》J12812等。

5.2.4 大力发展钢结构

在济南市，由于人口密度较大、土地资源稀少，考虑出房率、土地使用效率等因素，各大房地产商开始重视推广新型钢结构住宅建筑体系，例如山东万斯达建筑科技股份有限公司。

济南市钢结构建筑的发展时间并不长。2006年，济南建造了第一座钢结构住宅小区——埃菲尔花园。之后济南相继出现了一批钢结构住宅，例如凯旋新城小区，该小区的建成为济南钢结构住宅今后的发展积累了宝贵的经验。2009年济南钢结构家具诞生。2012年，山钢集团产钢量为2380万t，钢材2280万t，也是济南市钢结构住宅产业化的优势。山钢集团已形成了中板、中厚板以及热轧薄板等现代化的生产线。另外，加上济南市高校比较集中，建筑类人才比较多，为济南钢结构住宅产业化的后续发展提供了物质、人才、技术支持。

如今，济南正在积极地整合现有企业，将各大型企业都投入产业化的行业中，济南钢结构住宅正从个别的试点向产业化逐步迈进。目前山东省专业钢结构加工安装企业的数量已经达到了近100家，并且不断有新的钢结构加工厂崛起，这对于济南发展钢结构住宅来说是很大的机遇。尽管它们还处在起步阶段，但是却有着良好的发展势头。另外，济南市还出现了一些外资专业大厂家，厂内的操作人员、指挥人员以及管理人员等都是研究钢结构的专业人才。他们正在通过不断的努力来优化设计、施工过程，同时还在探索用于钢结构住宅的新型材料。

济南市典型钢结构装配式建筑案例有：

1）西客站安置三区的小学

全部用工厂生产的现成材料拼接挂装。经过半年的工期，在3个月就封顶，全部是设备吊装，工人数目节省一半，而且建筑材料尺寸误差可到毫米级。

2）万科金域国际

济南市经十路旁的万科金域国际是一栋120m超高层写字楼，外墙、楼梯、内墙等都是预制构件，产业化率达到了65%，也是目前国内在建的最高的装配整体式结构工程。万科济南开建的8个住宅项目都开始运用住宅工业化技术。西客站片区的济水上苑17号楼也是采用装配式建造的。

3）港新园公租房

港新园公租房建设项目是由万斯达集团和山东建筑大学建筑规划设计研究院装配式分院联合设计，并由山东万斯达建筑科技股份有限公司和山东聊建集团有限公司联合体承建的济南市装配式公租房项目。该项目总建筑面积93443m^2，其中有6栋18层的住宅楼为装配式剪力墙结构，装配建筑面积70103m^2。项目的预制率达到75%，装配率达到了85%以上。

5.2.5 加强监督管理

1）市住宅产业化工作领导小组对各有关部门落实建筑产业化年度实施计划和建筑面

积落实比例要求的执行情况适时进行督查，并将督查情况不定期公示。

2）市城乡建设委、市质监局根据各自职能，从部品（件）质量管理、项目报建、设计文件审查备案、施工许可、质量安全监督、商品房预售、综合验收备案等全过程实施监督管理。

3）未按照建筑产业化技术要求实施的项目建设单位，由有关部门根据国家和省、市有关法律、法规予以处罚，并将相关责任单位和责任人依法处罚情况记入企业诚信档案。

4）市城乡建设委通过应用装配式建筑标准化部品物联网系统，建立济南市建筑部品（件）认证体系和质量追溯制度，完善部品（件）设计、制作、运输、安装、监理等单位的责任追究措施，降低监管成本，确保工程质量安全。

5.3 未来发展路线

5.3.1 强化组织领导

济南市将进一步加强组织协调，建立工作协调机制，推动墙改节能机构职能向发展装配式建筑转变；济南市将加强考核督导，明确任务指标，纳入各级政府节能减排和新型城镇化目标责任考核体系，实施定期统计调度和通报制度，确保任务落实。

5.3.2 制定配套文件

济南市将推动编制实施《山东省装配式建筑发展规划（2017-2025）》，进一步明确装配式建筑发展目标、产业布局及控制性指标，并加快济南市的发展规划。济南市也将研究制定装配式建筑管理办法，要求在土地出让时，明确发展装配式建筑的具体比例要求，列入建设用地规划条件和项目建设条件意见书；研究制定装配式建筑规划审查、施工图审查、质量安全监督要点，确保安全有关要求落实到位和工程质量安全。

5.3.3 推进技术审查

济南市将推动建立装配式建筑技术审查制度，开展相关技术审查、评估和论证服务。同时，将加强技术攻关，支持开展装配式建筑标准化设计及部品构件通用性集成研究、百年建筑围护体系及管件技术研究等课题。组织编制《钢结构建筑技术公告》和装配式建筑技术产品推广目录。按照“急用先编”的原则，启动编制相关标准规范。

5.3.4 开展宣传培训

济南市将进一步通过报刊、电视、电台、网络等媒体，大力宣传发展装配式建筑的政策、有关知识和经济社会效益，提高社会认同度。组织开展大规模培训教育活动，采取集中培训或与继续教育、取证培训相结合的方式，对有关行政主管人员、管理技术人员、执业资格注册人员、现场专业人员、产业工人等从业人员进行培训，全面提升从业能力，着力打造适应装配式建筑发展的人才队伍。

5.4 面临的问题及建议

5.4.1 建设管理体系不健全

1）存在问题

（1）装配式建筑工程管理体制不健全

管理体制不健全一直是济南市建筑工程行业工程管理中存在的突出问题，也是核心问题。作为完整的装配式建筑工程管理体系必须要设有一定数量的职能管理部门或者机构，这样才能够施展管理的工作。这个管理部门还要有一定数量的管理人员方便以后能够随时到建筑工程中进行监管，真正地实现对于工程现场的监管。济南市一些工程项目为了节约经费大量地削减人员和管理经费，使得工程管理部门严重缺少工作人员，部分单位的工作人员不得不身兼数职，从而影响了管理工作的质量。

（2）建筑工程管理制度不能得到落实

虽然我国中央各级政府都下发了关于加大建筑行业监督与管理的文件，但是这些文件都没有受到行业内部的重视。济南市存在部分企业都应付检查工作。这种并无用处的行为，使得管理的制度无法达到规范化、制度化，工程管理也得不到发展。

2）建议

（1）改变当下的建筑工程管理理念

建筑工程管理工作是装配式建筑工程项目的核心。受到传统的建筑工程管理理念影响，济南市很多企业并没有真正意识到管理工作的重要性，这在很大程度上制约了装配式建筑工程管理工作。必须要对当下的传统建筑工程管理理念进行改革及完善，形成一套全新的管理理念，以满足当下的装配式建筑工程管理。这种改革必须要符合当下的装配式建筑工程管理，并注意改革的速度，必须是徐徐前进的，把握当下济南市的情况，建立一套更加符合实情的、创新的、具有发展前景的装配式建筑工程管理体系理念。

（2）健全当下的建筑工程管理体系

济南市很多企业的建筑工程管理体系是不成熟的，更是不适合当下新兴的装配式模式的，必须要重新建立健全。首先，需要采纳国外的先进经验以及理念，为装配式建筑工程管理设计一套蓝图。依据济南市的建筑情况来看，建立一套符合实际的管理思路体系。其次，重新优化管理部门的设置，保证每个部门都能够切实履行责任。还要做好用人制度、分配制度、意见监督制度等的相关内容。政府部门也要加大监管力度，做好协助的工作。

5.4.2 市场主体认识不足

建议开发商加强意识，要有产品创新意识、可持续发展的意识和客户引导意识。产品创新是企业发展战略的一个重要组成部分，轻钢结构住宅体系是开发商产品创新的一个重要方向。建议利用体验式营销引导消费者，轻钢结构住宅体系虽然有很多的优点，但是这些优点都是隐含在住宅当中的，轻钢结构住宅购置成本上的劣势却是显性的。

5.4.3 标准规范体系不健全

1）存在问题

（1）设计标准化、模数化

济南市大部分构件采用工厂生产、现场安装的形式建造，因此预制构件的标准化程度直接决定了工厂的生产效率、成本摊销、现场安装速度和质量等。从装配式混凝土结构住宅工程实践来看，构件标准化程度的高低直接决定了工程造价、工期和质量，提高标准化水平已经成为装配式混凝土结构设计的业界共识。从PC构件的生产加工、安装角度出发，设计标准化的最终目的是实现所有PC构件的标准化，而PC构件的标准化又与建筑楼栋标准化、套型标准化、部品标准化相关，这几者之间是相互影响的关系。要实现PC构件的标准化，则需要做到建筑楼栋的标准化，楼栋的标准化又直接取决于建筑套型的标准化，而建筑套型的标准化又与建筑部品和住宅的使用空间标准化、模块化直接相关。因此研究和实现装配式混凝土结构住宅的标准化，最终需要落实建筑部品和使用空间的标准化、模块化，通过标准化部品和模块化空间的有序组合，在有限的标准化PC构件组合情况下，可以实现不同的套型和楼栋。

（2）设计协同

装配式混凝土结构住宅在各阶段的设计协同工作要比普通现浇住宅更加复杂，需要考虑的因素主要包括：主体结构与内装部品的协同、PC构件与机电管线的协同、各PC构件钢筋及预埋件布置之间的协同、PC构件安装过程中各部件的协同、PC构件布置／连接节点工艺与构件加工／现场施工技术方案之间的协同等。在设计的各阶段均需针对以上技术内容进行协同配合，统筹考虑，只有这样才能保证建筑品质、PC构件加工质量和效率、现场施工质量和速度，最终达到质量品质优异、成本可控的目标。这就需要设计人员不仅非常熟悉前期设计工作，还需要对PC构件的加工工艺、现场安装和施工工艺、施工流程等全面掌握，在设计流程上也一定是“方案户型设计”“初步设计”“施工图设计”“详图设计”“工艺设计”这5个阶段相互联系、互相协同。

济南市装配式住宅在设计过程中不协同，有时出现两阶段设计方法，即“现浇设计”与“拆分设计”分阶段进行的老路子。在设计协同过程中，不能有效利用物联网技术和软件，如BIM等。由于济南市预制构件生产厂家不多，运输麻烦，一些墙板构件需要立运，运输路线和运输器具需要严格设计，运输成本高，在吊装起重时，大模板不合适。构件的运输、存放及吊运是济南市发展装配式产业需要解决的问题。

2）建议

（1）规范设计标准

针对构件规格不一致问题，建议从设计方面适当简化预制装配式构件种类，相应地推广“预制装配式建筑设计通用图集”“预制装配式建筑设计通用构件”“预制装配式建筑设计标准模数”“预制装配式建筑设计标准户型”等。济南市装配整体式住宅宜采用2m+3m（或1m、2m、3m）灵活组合的模数网格进行设计，模数网格与主体结构构件尺寸之间可灵活叠加设置，以适应墙体改革，满足住宅建筑平面功能布局的灵活性，达到模数网格的协调。

（2）出台相应的质量技术规程

济南市的预制装配式建筑还没有独立的质量检验标准，现在很多预制装配式住宅都是参照现浇钢筋混凝土结构体系的质量检验标准《建筑工程施工质量验收统一标准》GB50300进行的，现浇钢筋混凝土结构的检验标准是否适合预制装配式建筑、是否存在安全隐患难以知晓。建议尽快制定适合济南市的预制装配式建筑质量检验标准，为预制装配式建筑提供质量保障。

5.4.4 钢结构技术与理念落后

1）存在问题

（1）济南市装配式钢结构住宅的设计不是以建筑本身为主，并且装配式钢结构设计中没有考虑到模数化，导致开发的住宅并不合理。住宅设计要以人为本，因此，装配式钢结构住宅的开发设计还是要以建筑本身为主，适合现代化社会的居住需要，为用户着想，满足用户需求，建筑师应将最优秀的设计作品作为商品推荐给用户选择。同时应发挥客户的能动性，让用户参与设计能满足不同客户不同的需求。要遵循建筑和结构设计的规律，同时也要关注住宅的使用功能、建筑效果以及节能环保等问题。

（2）济南市装配式钢结构住宅的围护结构材料和配套设施不完善。装配式钢结构住宅体系最突出的问题在于外墙围护结构体系。济南现有的墙体材料性能和安装方法很难满足钢结构住宅在保温、通气、防火以及耐用性等方面的要求。现有的外墙用材缺乏丰富化，材料品质也缺乏多样化，规格没有建立标准化，节点也没有相应的规范化。装配式钢结构住宅是一个综合的、复杂的技术体系，它涉及墙面、屋盖、楼板材料，厨卫、管线系统等一系列配套体系。

（3）我国在预制装配式建筑施工技术与装备方面明显滞后，缺乏系统和综合的基础性研究，仅有的分散、局部的研究成果也未能很好地推广应用于工程实际。近年济南市一些企业和研究机构对钢结构住宅展开了多方面的研究，但是由于没有一个统一的模数体系，使结构构件、墙体材料、连接构造都缺乏统一的尺寸标准，不能实现工厂批量生产、现场拼装的生产方式，使体系中各部分构件的构成、选用以及连接构造不能充分反映和发挥钢结构快速装配的优势，影响了装配式钢结构住宅产业化生产优势的发挥。

（4）住宅消费观念比较保守

轻钢结构对济南市民来说是一个全新的产品，市民对这种新事物有一个认识的过程。在购房决策中，通常不是完全理性地判断新事物的真正价值，而是根据一些比较容易评价的线索来判断。消费者对轻钢结构住宅缺乏了解。我们在消费者市场调查过程中，对潜在的购房者进行了专门的访谈和问卷调查。在调查中我们发现，潜在购房者对轻钢结构住宅存在很大的疑虑，这些问题都是在技术上已经解决的问题，但是，由于消费者对产品缺乏必要的了解，产生了这些疑问。例如：轻钢结构住宅能不能钉钉子，轻钢结构住宅能不能防雷，轻钢结构住宅的防盗性能等。这些疑问的提出，充分说明了消费者对轻钢结构住宅缺乏必要的了解。

同时，我们也发现，济南市的住宅消费中，“基本保障型”的住宅需求占到了很高的比重。问卷显示，对房价、户型、优惠条件、建筑质量等基础的因素较为关注，而对于建筑节能、建筑风格、建筑景观、物业管理等因素的关注程度较低。

（5）开发商缺乏开发积极性

轻钢结构住宅体系推广的重要症结之一，是由于轻钢结构住宅推广的外部性。开发商在目前的状况下，并没有主动推广轻钢结构住宅体系的积极性。这是因为：由于企业的逐利性，任何企业经营决策的目标，必然是实现企业的利润最大化。姑且将轻钢结构住宅的应用作为一种产品创新，则开发商判断是否进行创新的标准，就是从营销的角度是否能够带来更为可观的利润。所以济南市一些房地产开发企业进行的产品创新以软性创新为主，即仅从营销的角度进行产品创新。如在产品设计风格等方面的创新，以能产生市场关注度的效应、利于销售为目的，缺乏前瞻性，也不考虑社会效益。

（6）人才瓶颈

调查中发现，目前济南市高校中尚没有一个学校开设有专门的钢结构专业，在济南大学、济南交通大学、济南邮电大学等工科院校，钢结构只是作为一门课程，进行简单介绍。轻钢结构住宅开发处于初期阶段，在人员方面，济南市无论中等还是高等专业学校的教学内容均未涉及钢结构住宅建筑体系，专门研制钢结构住宅的人员较少，大多数设计和施工单位在传统结构体系方面有专长，而在轻钢结构住宅方面缺乏相关的经验。

（7）宣传力度还不够，与房地产商的联系还不够，许多房地产商认为装配式钢结构住宅造价昂贵，因此不敢推广。

（8）钢结构住宅的防火

钢材虽为非燃烧性材料，但钢材不耐火，温度400℃时，钢材的屈服强度将降至常温下强度的一半：温度达到600℃，钢材基本丧失全部强度和刚度。一般常用建筑钢材的临界温度，即丧失支撑能力时的温度为540℃。对于建筑火灾，火场温度多在800~1200℃。在火灾发生的10min内，火场温度即可高达700℃以上，对于裸露的钢材构件，在这样的火场温度下只要几分钟其温度就可上升到500℃而达到其临界值，进而失去载荷能力，导致建筑物倒塌。

（9）钢结构住宅的防腐

钢结构住宅以钢构件为主要承重结构，由于钢材自身耐腐蚀性较差，需要采取防腐蚀措施对其进行保护。住宅建筑的设计使用年限在50年以上，实现钢结构住宅一次防腐年限与住宅的设计使用年限相当，是钢结构住宅面临的一大亟须解决的问题。钢结构住宅属私产，不同于钢结构厂房、公用建筑等可以做例行防腐维修住宅用户装修后在50年使用期内不会情愿破坏装修对钢结构住宅作防腐维修，带来50年免防腐维修的问题。因此，钢结构的防腐问题成为钢结构住宅在济南市推行的一大问题。

（10）钢结构住宅的保温

钢结构住宅被公认为绿色环保、适应住宅产业发展的结构体系。但是由于钢材本身热导率高于混凝土30倍以上，钢结构住宅面临的保温节能问题是在济南市推行的一大困难。

（11）钢结构住宅的漏水

钢结构屋面、墙面80%以上都存在不同程度的漏水现象，漏水主要集中在压型板接口搭接、内天沟两侧檐沟与墙体连接部位等。这既影响到工程款回收，又影响到公司的品牌信誉，从而成为钢结构公司的难言之隐，通常漏水主要有设计因素、施工因素和使用因素三个方面。钢结构住宅的屋面漏水已成为钢结构建筑的质量通病，也是济南市推行钢结构住宅的一大技术难题。

（12）钢结构住宅的美观

钢结构住宅的室内钢梁钢柱影响室内美观均需要吊顶或外包，增加了施工成本和施工周期。钢结构的室内美观问题是影响其在济南市推行的一个因素。

2）建议

（1）编制和完善相关的建筑技术规范、规程

尽快制定轻钢结构住宅体系相关的规范、技术规程，没有这些“制度的基础设施”，开发商进行相关轻钢结构住宅的建设将是非常困难的，据了解，目前在国内的轻钢结构住宅项目都是通过国外的规范进行验收。

从建筑技术准则、指南、规范层次上看，重点要借鉴国外现有的技术规范，对规范进行对比，并将规范国产化。同时，要对国内目前的强制性标准等体系进行调整，使其向建筑技术准则过渡。主要有《低层轻型钢结构装配式住宅技术要求》《冷弯型钢骨架结构住宅设计规范》《冷弯薄壁型钢结构技术规范》《低层轻型钢结构装配式住宅验收规范》等。同时，要加强对涉及法规、标准编制工作的人员开展必要的培训和教育。

（2）加强科技投入，保障技术和人才

除了在行业规范、技术规程方面做好配套，政府还应该在目前轻钢结构体系研究的基础上，继续加大科研力度，开展课题研究，适时组织国内外开展学术、技术交流，形成有关轻钢结构房屋体系的各类学术、行业协会，以便推动新材料、新技术、新体系在轻钢建筑领域内的应用，保障轻钢结构技术发展。重点应该研究：轻钢结构的防火、防锈技术；轻钢结构住宅设计优化技术；轻钢结构住宅节约建造成本技术；轻钢结构集成节能环保的整套技术；轻钢结构住宅在济南应用的本地化技术。

同时，还要加强轻钢结构的教育和普及工作。应在济南工科院校（如济南大学、济南交通大学等）设置轻钢结构专业，编撰有关轻钢结构的统编教材，培养更多钢结构专

业毕业生；在社会上开办有关轻钢结构的各类讲座，出版轻钢结构方面普及型及专业型的书刊，普及轻钢结构的基本知识，通过培训、考试上岗，提高在职专业人员的技术水平。

（3）强化主材和附属材料的科研和生产

钢材和石膏板是轻钢结构住宅应用最多的两种材料，在材料行业应加强两种材料的科研和生产。要提高钢材质量，扩大钢材品种。目前结构用钢主要是Q235，还应增加高品质钢材，积极研制开发与轻钢结构配套使用的高效功能材料，包括保温隔热、吸声隔声、防火以及连接材料等：积极研制开发与轻钢有关的各种组合结构，扩大轻钢的使用范围，以取得较好的经济技术效益，满足用户的不同要求。

此外，目前轻钢结构住宅体系中一些与大构件配套的小连接件，在济南还找不到生产的厂家，必须依赖进口，这种状况很不利于轻钢结构住宅的推广，给住宅的维护造成了很大的麻烦，因此，在材料行业应加强这方面的科研和生产，强化轻钢结构主材的配套生产。

5.4.5 工业化内装参差不齐

1）存在问题

内装部品、产品种类不全，各个厂家同等级产品参差不齐；设计师不了解现有产品，不能在项目早期予以应用；施工单位，厂家与设计单位联系不紧密，导致后期影响设计效果；设计单位后期监理职能无法发挥，无法贯彻前期设计思想。

2）建议

目前主要的解决方式关键是制定行业标准，使整个设计、建材行业有一个专业的模数标准。确定设计师在业界中的地位，明确行业规则，避免不正当竞争；提高施工工程的质量，达到可以配合工业化生产制品的精度。只要有完善的设计流程、标准的产品和开发体系，济南的内装工业化程度会越来越高。

5.5 项目案例

5.5.1 山东建筑大学教学实验综合楼

山东建筑大学教学实验综合楼工程是国内首个钢结构装配式超低能耗绿色建筑，结构形式为钢框架结构体系，用钢量约为900t。该综合楼被列为山东省被动式超低能耗绿色建筑试点示范项目。山东建筑大学教学实验综合楼工程融合“被动房”技术与装配式技术，采用工厂化生产，现场装配式施工。

“钢结构”具有自重轻、强度高、施工快捷、管线布置方便、施工环境污染少的优点。“装配式”施工保证了构件的质量，施工操作方便快捷，可缩短施工工期，并有效减少了周转料具、人工、材料成本的支出。“被动房”具有节能环保的特点，是指尽量减少主动消耗能源的建筑，如减少消耗煤炭、电力等提供的制冷制热。它就像保温壶一样，尽量减少与外界的冷热交换，以此保持室内温度、湿度稳定适宜。

“钢结构”与“被动房”“装配式”的创新性结合，真正全方面实现了建筑的低污染、低成本、低能耗——该项目建成后，节省能耗、成本等近80万元。

中国目前仅有门窗等气密性标准，尚没有建筑气密性方面的国家标准；这一项目在施工中、施工完全结束后，分两次由合作方德国能源署派出专家，依据德方标准做审核评估。

钢结构装配式超低能耗绿色被动房极具推广意义。一方面，被动式节能建筑改变传统建筑业发展模式，遵循当地建筑气候环境，充分利用太阳能、风能、地热能等可再生能源，尽量减少甚至不使用传统的建筑材料化石能源，使“零能耗”建筑的建造成为可能。另一方面，被动式建筑将拉动一系列相关产业的发展，增加就业。

被动式建筑旨在重新构建人、建筑、气候之间的关系，降低噪声污染、光污染、空气污染，注重周围生态环境改善，是实现可持续发展的重要途径，代表了未来建筑业发展的方向。

5.5.2 济南市埃菲尔花园

1）工程简介

埃菲尔花园是山东省住房和城乡建设厅和莱钢集团在济南推出的山东省钢结构节能住宅示范工程，也是继莱钢樱花园小区之后又一个钢结构住宅示范试点工程。

“埃菲尔花园”的意义在于：钢结构住宅的标志性建筑；济南首座钢结构节能环保绿色住宅小区；山东省钢结构节能住宅示范工程；代表世界住宅建筑的方向和潮流，并且该项目是与法国巴黎杜包斯（DUBOSC）建筑事务所共同完成设计，故取名“埃菲尔花园”。

济南市埃菲尔花园，6层纯钢框架结构体系，H型钢梁柱，现浇混凝土楼板，LCC外墙板，综合造价约1550元/m^2，高层住宅最高为34层。埃菲尔花园位于济南市西郊，北邻经六路，东邻营市西街，地理位置优越、交通便捷。周围医院、中学、购物场所等配套设施极为完善。小区占地面积2.53ha，规划用地1.91ha，总建筑面积42766m^2，绿地率35%。

由3栋小高层、3栋多层住宅组成。其中A1、A2、A3住宅楼为中高层，地上11层加阁楼，地下1层，建筑面积35766m^2。B1、B2、B3住宅楼为多层住宅，地上6层加阁楼，地下1层，建筑面积12830m^2。主户型为3室2厅，2室2厅，面积从57～140m^{2}不等，小区总户数为334户（图1-5-1）。

图1-5-1 艾菲尔花园

埃菲尔花园有显著特点。其一，埃菲尔花园的户型设计遵循钢结构构件标准化设计、多样化组合的特点，住宅的开间进深遵循模数化的原则，同时住宅户型规则规整，提高钢结构住宅产业的工业化水平，尽量减少凸凹变化，在合理满足户型使用功能的条件下将建筑体形系数降至最低，这样对建筑节能、结构布置、墙板安装及降低造价十分有利；其二，良好的可改造性，住宅装修可根据不同标准采用菜单式设计，供住户直观选择；其三，艾非尔花园的立面造型吸收了国外先进设计理念，突出了钢结构的特征，在建筑的空间形式上追求简洁大方、特征突出，在局部和转角等关键部位的处理上突现钢结构与围护结构之间的逻辑关系，在屋面形式的处理上高低错落，赋予动感和曲线特征，使传统住宅的温馨怡人与现代高科技的建筑艺术风格巧妙地柔和在一起。

2）防腐防火措施

埃菲尔花园钢构件的防腐措施上，构件选用表面原始锈蚀等级不低于B级的钢材，并采用喷砂（抛丸）、除锈，除锈等级不低于Sa2.5级。结构上的涂层与除锈等级匹配，采用高氯化聚乙烯或环氧树脂类高质量防锈漆。

在防火措施上，根据住宅建筑的耐火等级确定构件的耐火极限，采取不同的防火措施，如包覆硅酸钙防火板，喷涂防火涂料，喷抹防火砂浆等。地下室、车库及储藏室内钢结构构件采取涂抹防火砂浆、喷涂防火涂料等方式防火，住宅内钢结构采用包覆防火板防火。在采用喷涂防火涂料时，耐火极限不低1.5h的钢构件采用厚涂型防火涂料。当采用薄涂型防火涂料时，涂料的厚度则是根据公安部研究机构核准的数据设计的。

3）钢结构住宅的优越性

经过对艾非尔花园的设计和在施工现场的考察，并与砖混结构、钢筋混凝土结构相比，具有诸多优越性。大量的构件及围护墙体都在工厂化制作，施工速度快，工期缩短了三分之一以上，综合造价降低5%。施工时大大减少了砂、石、灰的用量，现场湿法施工大量减少，施工环境和环保效果好。建筑以大开间设计，户内空间可多方案分割，满足用户的不同需求，而且户内的有效使用面积提高6%。

5.5.3 东方丽景大厦

东方丽景大厦是济南市第一座钢结构大厦，开启了济南市房地产开发的新篇章。东方丽景大厦是一座26层的高层建筑，在规划设计时，着眼大厦的整体结构的先进性，其方钢管—混凝土组合结构，采用了当今这一领域的最新成果。方钢管—混凝土柱是在方钢管内灌注高强度（C50）等级混凝土，在方钢管中间内部加隔板支撑，两种材料相辅相成、共同工作，成为一种新材料，即组合材料——钢管混凝土。它充分发挥了两种材料的优点，使混凝土的塑性和韧性大为改善，避免或延缓钢管发生局部屈曲，从而获得了高承载力、良好的塑性和韧性、抗震性能优良等效果。

东方丽景大厦的外墙及屋内隔墙，采用了ALC板材。这种以粉煤灰/硅砂、水泥、石灰等为主要原料，由经过防锈处理的钢筋增强，经过高温、高压、蒸气养护而成的多气孔混凝土板材，其绝干比重仅为0.5，是混凝土的1/5，空心砖的1/3，被称为浮在水面上的混凝土。ALC板在生产过程中，内部形成了众多微小气孔。这些气孔形成了静空气层，使ALC板材的导热系数仅为0.11W/（m·K），其保温隔热性能是普通混凝土的10倍。东方丽景大厦外墙采用厚度175mmALC板材，保温隔热性能相当于厚度510mm黏土砖墙。

ALC板材内部的许多细小气孔，有隔声与吸声双重性能，可以创造出高气密性的室内空间，为业主提供宁静舒适的生活环境。特别值得一提的是，经权威机构检测，ALC板材属于绿色环保建材。东方丽景大厦的材料比普通混凝土节能高达50%。

东方丽景钢结构大厦以承载力高、抗震性能好、节能效果达到50%以上的优秀品质当选为山东省墙改与建筑节能试点示范工程。

5.5.4 百年住宅项目——鲁能公园世家

鲁能公园世家是山东省首个三星级绿色建筑住宅工程。具体来看，所有百年住宅项目通过产业化打造住宅建筑长寿化、绿色低碳化、品质优良化的特点。百年住宅是针对目前房地产业存在的资源消耗过高、产业化程度低、科技含量低等一系列问题，加快转变住宅方式的重要探索。

在建设产业化方面把住宅工业化分成两大部分：一部分主体结构工业化；另一部分内装工业化。采用即住宅的结构体S（Skeleton）与填充体 I （Infill）完全分离。所有在建和在售的住宅在设计标准上都是50年的使用年限，百年住宅要在主体项目上达到100年的使用年限，达到传统住宅的2倍。

百年住宅的内装是灵活可变的适应性的方式。原来的时候，房子的“神经和血管”埋在主体里，现在把所有的隐蔽工程拿出来，给它一个单独的空间，并且在有需要和有必要检修的地方都预留了检修口，当需要更换和检修的时候是非常方便的。这样就实现了住宅全生命周期的可更替。房子结构体的承重结构骨架具有高耐久性，且固定不变。内部空间可根据居住需求和个人喜好灵活变换，满足全生命周期的居住需求。

百年住宅在设计之初由设计师根据济南人生活的特点、储藏的特点等进行精细化的设计，反馈给工厂，在工厂进行预加工，所有的材料健康环保。这是一套集成厨房系统，水槽及排水部件均做静音处理，干净清洁，滤除噪声。智能收纳，更符合中国厨房的收纳顺序与装置。

此外，百年住宅有一套整体卫浴系统，一体化成型底部防水托盘，可以有效预防漏水问题。同时采用绿色、健康的环保材料，而且同样预留了充分的检修空间。

通过系统建设，百年住宅可以实现科学布局、合理分区、就近收纳、分类储藏，最大限度地提高空间使用率。

5.5.5 港新园公租房

1）项目情况

工程名称：港新园公租房建设项目·东地块居住组团

建设单位：济南市城市建设投资有限公司

项目管理：山东轻工院项目管理有限公司

设计单位：山东建大建筑规划设计研究院装配式建筑分院

监理单位：济南市建设监理有限公司

施工单位：山东万斯达建筑科技有限公司，山东聊建集团有限公司

构件供应商：山东万斯达房屋制造有限公司

建设地点：山东省济南市历城区港沟镇（莲花山热电厂以南、旅游路以北、港九路东侧）

建筑面积：共约计93443.68m^2（1号、7号、8号均为16004.02m^2；2号14750m^2；3号、6号均为7341.86m^2；车库14631.8m^2；公建1366.1m^2）；地上18层，地下储藏室2层；车库地下1层；公建2层。

建筑高度：住宅楼为52.65m

设防烈度：6度

结构类型：住宅楼为装配整体式剪力墙结构；车库和公建为现浇混凝土框架结构。

2）项目特点

项目采用预制三明治外剪力墙、预制内剪力墙、ALC产业化内隔墙板、PK预应力叠合板、预制电梯井、预制楼梯、空调板、整体厨房、卫生间，预制率85%以上（图1-5-2、图1-5-3）。

在这些产业化预制的构件中，都带有一张类似IC卡的电子芯片，虽然被深深地“埋”进构件内，但只要用专用的扫描设备，就可以立即显示构件编号、名称、合格证明和安装位置等信息。这就相当于每一个构件都有了专属“身份证”，如图1-5-3所示，它在工厂的加工信息、安装位置都可以通过扫描一目了然。假如在今后的居住过程中哪个构件出现了问题，可以通过它追溯到源头，方便后期养护和维修。

万斯达全过程主导设计、构件制造及安装施工。由于采用预制构件，取消了传统二次结构、抹灰、外贴保温等工序，节省了工期，同时减少扬尘污染，减少建筑垃圾80%；大规模采用机械化作业，节省人力；大量采用预制构件，施工现场模板使用量减少，湿作业减少，节能减排效果明显。

该工程作为山东省建筑产业现代化试点示范住宅，实现了标准化的设计、工厂化的制造、装配化的施工、一体化的装修和信息化的管理。应用全装配技术组合建造的结构保温一体化建筑，具有抗震性高、工业化水平高、建筑质量高、绿色节能等显著特点。

图1-5-2　港新园公租房建设项目建设图

图1-5-3　项目采用预制构件

6 南京

6.1 产业现状概述

2012年南京市装配式住宅建筑面积12.78万m^2，2014年6.68万m^2，2015年94.58万m^2。2015年起，南京市大力推进装配式建筑发展。2016年下半年起，南京市从土地出让条件入手，加强源头管控，确保项目落地。

截至2017年，南京市市新开工装配式建筑项目总面积达到300万m^2以上，装配式建筑占新建建筑的比例达到15%以上，全装修和成品房交付比例达到30%以上；后续将逐年提高，到2020年全市装配式建筑占新建建筑的比例达到30%以上，全装修和成品房交付比例达到60%以上。

6.2 主要发展经验

6.2.1 政策推动引领

为了推进南京市装配式住宅建设，江苏省及南京市出台了一系列相关政策。

在装配式建筑规模及装配率方面，《江苏省政府关于加快推进建筑产业现代化促进建筑产业转型升级的意见》（苏政发〔2014〕1411号）中规定，2015~2017年，全省建筑产业现代化方式施工的建筑面积占同期新开工建筑面积的比例每年提高2~3个百分点，建筑强市以及建筑产业现代化示范市每年提高3~5个百分点；2018~2020年，建筑产业现代化技术、产品和建造方式推广至所有省辖市。全省建筑产业现代化方式施工的建筑面积占同期开工建筑面积的比例每年提高5个百分点。已编制《南京市“十三五”建筑业发展（产业现代化）规划》，要求在新建政府投资项目中逐步推进装配式楼板、装配式楼梯部品构件产业化，提高预制装配水平。积极推行住宅全装修，逐年提高成品住宅比例。

《江苏省关于印发〈2015年全省建筑产业化工作要点〉的通知》（苏建筑产业办〔2015〕2号）中指出，2015年末，全省建筑产业现代化方式施工的建筑面积占同期新开工建筑面积的比例争取提高3个百分点。

在住宅部品和试点项目方面，《江苏省关于印发〈2015年全省建筑产业化工作要点〉

的通知》（苏建筑产业办〔2015〕2号）中提出要选择一批不同类型的先进典型进行经验交流，选择一批成效显著的示范项目进行观摩，及时总结并大力推广各地推进建筑产业现代化的先进做法和经验。

在大型企业目标方面，江苏省《省政府关于加快推进建筑产业现代化促进建筑产业转型升级的意见》（苏政发〔2014〕111号）中提出，到2017年底，建筑强市以及建筑产业现代化示范市至少建成1个国家级建筑产业现代化基地，其他省辖市至少建成1个升级建筑产业现代化基地。培育形成一批具有产业现代化、规模化、专业化水平的建筑行业龙头企业；2018~2020年，建筑产业现代化的市场环境逐渐城市，体系逐步完善，形成一批以优势企业为核心、贯通上下游产业链条的产业集群和产业联盟。

《市政府关于加快推进建筑产业现代化促进建筑产业转型升级的实施意见》（宁政发〔2015〕246号）中提出了南京市发展建筑产业现代化的指导思想、目标任务、重点工作，并提出了用地政策、资金政策、税费政策、金融政策、产业政策、行政审批等扶持政策，提出了组织保障措施。

南京市浦口区、雨花台区、六合区等也出台了相关政策：

（1）《六合区建筑产业现代化推进工作领导小组》（六政办〔2016〕68号）；

（2）《区政府关于成立栖霞区建筑产业现代化推进工作领导小组的通知》（宁栖政字〔2016〕144号）；

（3）《关于成立雨花台区建筑产业现代化推进工作领导小组及各成员单位职责分工的通知》（雨政办发〔2016〕95号）；

（4）关于印发《关于加快推进我区建筑产业现代化促进建筑产业转型升级的实施意见》的通知（浦政发〔2017〕91号）。

6.2.2 建立示范基地

《市政府关于加快推进建筑产业现代化促进建筑产业转型升级的实施意见》中提出到2017年底，建成1个省级建筑产业现代化示范区，3个省级建筑产业现代化示范基地，10个以上省级建筑产业现代化示范项目。住房城乡建设部公布的第一批装配式建筑产业基地名单中，东南大学、南京工业大学、南京大地建设集团有限责任公司、南京旭新新型建材股份有限公司、南京长江都市建设设计股份有限公司等入选装配式建筑产业基地。

6.3 未来发展路线

南京市到2025年末，要实现建筑产业现代化建造方式成为主要建造方式。全市建筑产业现代化方式施工的建筑面积占同期新开工建筑面积的比例、新建建筑装配化率均达到50%以上，装饰装修装配化率达到60%以上，新建成品住房比例达到50%以上，与2015年全省平均水平相比，工程建设总体施工周期缩短1/3以上，施工机械装备率、建筑业劳动生产率、建筑产业现代化建造方式对全社会降低施工扬尘贡献率分别提高1倍。

6.3.1 制定强制性措施

南京市将根据经济社会发展情况，明确推进工作的近期目标，出台推广装配式建筑、成品住房的强制性措施。在大力推广装配式钢结构住宅的同时，因地制宜地发展装配式钢结构、木结构等住宅体系。

6.3.2 逐步完善监管制度

南京市将逐步完善与装配式建筑相适应的项目设计、部品制造和运营全流程质量管理体系，出台预制部品构件安全监管工程监理、施工现场安全管理、工程质量控制及验收等相关制度。

6.3.3 持续优化市场环境

南京市将力推将发展装配式建筑、成品住房列入城市规划建设考核指标，推动项目尽快落地。进一步加大宣传推广力度，提高政府部门、行业企业、社会公众对装配式住宅技术和产品的认知度、认同度。

6.4 面临的问题及建议

6.4.1 建设管理流程不健全

建设管理措施不配套。装配式建设管理需要实现从设计、生产、施工、运维多方的协同，南京市需要建立一个实现各方协同的信息化管理平台，便于政府对装配式建筑的管理。我国具有自身国情特点，这一特点与我国实施的资质管理制度紧密相关，在南京市也不例外，从设计管理、招投标管理、施工管理、构件生产的管理到质量验收监督，大部分制度主要针对传统建筑生产方式设计。例如，《中华人民共和国建筑法》（以下简称《建筑法》）关于资质管理做出规定，设计单位应该在取得相应等级的资质证书后，方可在其资质等级许可的范围内从事建筑设计活动，但是，目前具备预制装配构件设计能力的是从事预制装配建筑施工和构件生产的建筑施工企业、构件生产企业，他们却不具备相应的设计资质，无法从事相关的设计工作；招投标管理中混凝土工程有关的文件主要依据混凝土现浇生产方式制定，无论是预算定额、清单规范，还是招投标软件和预算计价软件等，都存在这一问题；施工管理方面，目前绝大多数具有特级或一级工程总承包资质的我国大型建筑施工企业由于长期承揽以现浇技术为基础的工程任务，不具备预制装配式结构施工能力，而我国《建筑法》规定，实施施工总承包的，建筑工程主体结构的施工必须由总承包单位自行完成，所以总承包单位不能将自己不能完成的预制装配建筑施工任务转包，造成实际施工困难。

6.4.2 对装配式住宅的认识不足

装配率高低问题，它涉及整个住房和城乡建设领域的方方面面，包括体制机制、资质管理、招投标管理、质量监管和检查等。不能仅仅用技术的思维来发展装配式建筑，而要用提升行业整体素质、推动行业转型升级的思维来指导行动。

要从时代发展的高度深刻认识装配式建筑的历史必然性及其重大意义，要从国家战略的高度充分认识和推进装配式建筑，大力发展装配式建筑其本质是驱动并助力加速推进建筑业的现代化进程，实现建筑业转型升级。要抓住发展装配式建筑顶层设计的“牛鼻子”——建造方式的一种变革，生产方式的一场革命，落实在建筑业转型升级的高度，不能走入“唯装配”的误区。

6.4.3 部品部件标准化、模数化缺失

配套部品工业化程度低。目前钢结构住宅相关的技术成熟的部品、配件，或缺乏，或工业化程度低，或缺乏技术标准等，湿作业较多。模数化的缺失严重制约了南京市钢结构住宅的产业化发展。目前只有楼梯、门窗、厨房和卫生间等部位的模数标准，屋面、隔墙、电梯等大多数部位缺乏统一模数标准。

6.4.4 钢结构技术与人才问题

1）技术问题

目前南京市已建的钢结构住宅的围护结构的部分节点形式不能很好地适应结构自身变形，存在板缝开裂、渗漏等问题。

2）施工队伍素质

施工队的整体业务素质参差不齐，需要提高。住宅发展的途径是标准化设计、工厂化生产、现场装配化施工，完全是工业化的发展模式，这就需要有高素质专业化的施工队伍。而现在的工程施工多数仍然沿用传统的粗放式管理模式，人员的专业技能良莠不齐，难以满足工业化生产需要，特别是在“三板”安装、结构安装、设备与管线安装、整体厨卫等模块化安装等方面问题尤为突出，施工速度优势得不到发挥，更为严重的是影响到施工质量以及钢结构住宅的推广。因此必须要从思想认识和操作技能两方面着手，培养一批专业化的产业工人和一支专业化的施工队伍。

6.5 项目案例

丁家庄二期保障房项目

位于南京市栖霞区的丁家庄二期保障房项目是应用装配式结构的住宅项目，占地面积约10万m^2，总建筑面积30.2万m^2，建设合同额约5亿元，建成后可以解决2600户、约7480名低收入者的住房以及子女上学问题。

图1-6-1 丁家庄二期保障房项目

丁家庄二期保障房项目中，A28地块的6栋高层楼房采用装配式方式建造，层高27~30层，建筑高度为80~90m，总建筑面积约9.4万m^2。截至2017年9月，6栋装配式保障房已经有5栋楼封顶，还有最后一栋在结构施工阶段，预计将在10月全部封顶（图1-6-1）。

丁家庄二期保障房项目由中建二局上海公司苏宪新团队负责。该团队曾凭借南京上坊保障房装配式工程获得“中国建筑工程鲁班奖”和“中国土木工程詹天佑奖优秀住宅小区金奖”。该工程6栋单体均采用预制装配式剪力墙结构，预制部分主要包括外剪力墙、叠合板、叠合梁、阳台板、阳台栏板、阳台隔板以及预制楼梯，主体结构预制率达到32%，装配率达67%。6栋主楼户型统一，即为标准化、模数化设计，可降低建造成本，提高建造效率。

丁家庄二期保障房体量和高度的增加不只是简单的工作量增加，而是难度倍数级的提升，深化设计、穿插作业、吊装及安装精度控制等会更加困难。为此，项目部采取装配式结构BIM深化、施工指导措施、构件精确定位措施、全高垂直度控制措施、吊装申请旁站制度、灌浆工艺评定等控制措施，推进工程的顺利建造。

装配式建造为丁家庄二期保障房带来了显著的经济效益与社会效益。项目实现了水平构件预制装配化，预制底板在工厂内预先生产，现场仅需安装，不需再搭建底模板进行混凝土浇筑。因此，施工现场钢筋绑扎及混凝土浇筑工程量较少，板底不需粉刷，支撑系统脚手架工程量仅为现浇板的31%左右，现场钢筋工程量约为现浇板的30%，现场混凝土浇筑量约为现浇板的60%，节约工期30%以上。

项目还以三星级绿色建筑为目标，形成具有工业化特色和绿色、生态公租房社区。如通过提高建筑围护结构隔热保温性能，降低建筑的供暖与空调能耗，在节能最不利的五号楼都达到了70.53%的节能率。项目还全面应用太阳能热水系统，每年提供生活热水量为9147.7m^3。与采用天然气相比，年节约费用14.34万元，节约能耗57.5211万kW · h。

凭借超大体量与出色的经济社会效益，丁家庄二期保障房项目被住房城乡建设部列为科技示范工程，被江苏省列为首批建筑产业现代化示范工程。项目2018年8月竣工。

7 调研城市所面临的问题及建议

7.1 装配式住宅技术体系①

7.1.1 问题

我国目前对于装配式住宅的技术体系还在探索，对不同材料及不同功能的预制结构体

① 本章中【某城市】，指从某城市调研到的问题或某城市所在单位提出的建议。

系研究还不够完善，结构分析的理论方法也比较简单，适用性不足。

【上海】上海市装配式建筑的技术体系以混凝土结构体系为主，对其他材料的预制结构以及不同功能的预制结构体系研究还不够完整，结构分析的理论方法也比较单一，适用性不足。

1）目前还没有形成更适合不同地区、不同抗震等级要求的通用技术体系。上海市提出装配式住宅中隔震、减震技术有待加强。

2）结构体系中存在亟须解决的技术问题，例如防火、防腐、防水、保温等。

【沈阳】钢结构防火、防腐：钢的物理性能决定了钢结构住宅必须考虑防火、防腐问题。按照我国防火、防腐规范要求，必须涂刷防火、防腐涂料或采取其他措施，传统的涂刷防火、防腐涂料的方法将会大大地增加工程造价。

【济南】钢结构住宅面临的保温节能问题。钢结构屋面、墙面80%以上都存在不同程度的漏水现象，漏水主要集中在压型板接口搭接、内天沟两侧檐沟与墙体连接部位等。钢结构住宅的屋面漏水已成为钢结构建筑的质量通病，实现钢结构住宅一次防腐年限与住宅设计年限相当，是钢结构住宅面临的一大亟需解决的问题，也是济南市推行钢结构住宅的一大技术难题。

7.1.2 建议

1）保证达到相关质量要求的同时，寻找最优成本解决方案。

【沈阳】在达到防火、防腐要求的同时，最大限度地降低防火、防腐成本，必须找到合理的解决方案。

2）重点研究突破现有装配式住宅中隔震、减震的技术问题，建立合理的结构理论和标准规范。

【上海】装配式建筑中的隔震、减震等关键性技术有待进一步突破。

7.2 装配式住宅标准规范

7.2.1 问题

我国现存的设计标准主要针对传统建筑，其中也有部分设计工业化建筑内容，但涉及专业不全，缺乏全国统一工业化大规模通用体系，生产模式中的标准化、模数化、信息化程度太低，施工过程验收评价标准有待完善。

1）住宅设计标准较结构设计标准偏少。设计对于住宅体系、住宅结构、住宅户型等指导技术性文件较少。

【上海】由于装配式住宅体系多样性、结构复杂性，住宅户型的多样性造成各家自成体系，社会资源浪费较严重。

2）装配式住宅设计还未实现标准化。我国现在的模数标准体系尚待健全，模数协调也未强制推行，导致结构体系与部品之间、部品与部品间、部品与安装设备间模数难以协调。一些试点成果无法大规模推广，导致部分新材料无法推广应用。

【南京】设计规范的缺失导致部分新型优质钢材得不到推广。

【济南】技术标准尚未建立，试点成果无法大规模推广。

7.2.2 建议

1）借鉴国外技术规范，编制和完善装配式住宅相关技术规范、规程，使规范国产化。

【济南】从建筑技术准则、指南、规范层次上看，重点要借鉴国外现有的技术规范，对规范进行对比，并将规范国产化。

2）鼓励形成具有地方特色的标准规范。

【上海】对还没有发展装配式住宅建设的地区以及刚开始实施的地区要尽快形成地区规范。

【南京】模数化的缺失严重制约了南京市钢结构住宅的产业化发展。目前只有楼梯、门窗、厨房和卫生间等部位的模数标准，屋面、隔墙、电梯等大多数部位缺乏统一模数标准。

【济南】编制和完善相关的建筑技术规范、规程，尽快制定轻钢结构住宅体系相关的规范、技术规程。

7.3 装配式住宅建筑设计

7.3.1 问题

1）设计能力不足。现有的设计、施工相互割裂、各自为政的建设模式，使得建筑师对于设计缺乏总体把控，无法保证设计质量。现有设计过程不协同，可能出现两阶段设计方法，“现浇设计”与“拆分设计”的老路子。

【北京】【上海】现有的设计、施工相互割裂、各自为政的建设模式，既增加了建设成本，又一定程度上影响了装配式建筑项目的建设效率。

【济南】设计过程中不协同，有时出现两阶段设计方法，即“现浇设计”与“拆分设计”分阶段进行的老路子。在设计协同过程中，不能有效利用物联网技术和软件，如BIM等。

【济南】住宅的设计不是以建筑本身为主，并且结构设计中没有考虑到模数化，导致开发的住宅并不合理。

2）**设计管理模式不健全。**装配式住宅在设计时就应考虑构件的深化设计、运输、连接等问题，对设计师提出了更高的要求。同时如何协同建筑、结构、设备、装修等专业进行设计的管理模式也十分重要。

【南京】装配式建设管理需要实现从设计、生产、施工、运维多方的协同，但当下并没有实现。

【沈阳】【济南】传统的现浇混凝土结构在设计时，建筑、结构、电气等一次进行，相对独立，待施工时根据反馈问题对图纸进行变更，因此设计阶段的管理集中在后期。而装配式结构在设计之前就需要考虑装配式构件的深化设计、构件的生产和运输、施工现场的构件连接、后期的住宅维护等问题，因此对设计阶段的管理增加了技术难度和工作强度。

【沈阳】装配式技术相对于传统现浇方法，增加了构件生产厂家部门，建设单位、设计单位、构件加工厂、施工单位从装配式住宅的初步设计到竣工验收和后期管理都需要相互配合，这对各部门之间的协同管理提出更高的要求。

7.3.2 建议

1）**加强各环节、各专业的协同，建立各方协同的信息管理平台。**例如BIM。将设计模式由面向施工企业改为面向构件企业和施工企业，便于建筑师把控施工阶段的问题，可以提前至设计、生产阶段解决。

【北京】【南京】需要建立一个实现各方协同的信息化管理平台，便于政府对装配式建筑的管理。

2）**转化设计理念。**以建筑本身作为开发设计的主体，充分考虑用户的需求。

【济南】开发设计还是要以建筑本身为主，适合现代化社会的居住需要，为用户着想，满足用户需求，建筑师应将最优秀的设计作品作为商品推荐给用户并供选择。同时应发挥客户的能动性，让用户参与设计能满足不同客户不同的需求。要遵循建筑和结构设计的规律，同时也要关注住宅的使用功能、建筑效果以及节能环保等问题。

7.4 预制构件生产及运输

7.4.1 问题

1）**构件设计还未实现标准化、模数化。**首先，统一模数体系的缺失使得结构构件无法统一尺寸，不能批量生产，全年生产线忙闲不均，严重影响构建类企业的产能发挥。其次，模数化的缺失增加了模具生产量，增加了成本，降低了生产效率。最后，模数化的缺失导致各构件企业各自为政，容易形成恶性竞争，低价生产难以保证生产质量。

【上海】预制构件缺少行业统一的产品标准，企业各自为政，在低价中标的情况下产品质量难以保证。

【济南】由于没有一个统一的模数体系，使结构构件、墙体材料、连接构造都缺乏统一的尺寸标准，不能实现工厂批量生产、现场拼装的生产方式，使体系中各部分构件的构成、选用以及连接构造不能充分反映和发挥钢结构快速装配的优势，影响了装配式钢结构住宅产业化生产优势的发挥。

【沈阳】配套部品、部件工业化程度低。目前钢结构住宅相关的、技术成熟的部品、配件，或缺乏，或工业化程度低，特别是墙体、楼板、阳台、楼梯等，湿作业较多，导致目前的钢结构住宅基本上处于“穿T恤打领带”的尴尬境地。

【济南】研究和实现装配式混凝土结构住宅的标准化，最终需要落实建筑部品和使用空间的标准化、模块化，通过标准化部品和模块化空间的有序组合，在有限的标准化PC构件组合情况下，可以实现不同的套型和楼栋。

【沈阳】由于构件非标准化，个别构件出现质量问题如何处理，进度与质量关系如何保证，是目前施工现场问题主要矛盾。

2）**现有设备不足以满足现有需求。**有些配套的小型连接件国内无法生产，给后期维护造成了困难。

【济南】目前轻钢结构住宅体系中一些与大构件配套的小连接件，在济南还找不到生产的厂家，必须依赖进口，这种状况很不利于轻钢结构住宅的推广，给住宅的维护造成了很大的麻烦。

3）**构件设计责任存在矛盾。**具有构件设计能力的构件类企业不具备设计资质。而建筑师并不了解构件设计。造成现在建筑设计院按常规施工方法先完成施工图设计，再由混凝土构件厂按照该施工图分解成若干种不同规格的构件，进行构件设计。

【行业专家】构件通用化程度低。目前存在的装配式建筑成本高、构件厂开工不足等问题，很大程度是因为构件通用化程度低而造成的。当前装配式住宅设计通常的做法是，建筑设计院按常规施工方法先完成施工图设计，再由混凝土构件厂按照该施工图分解成若干种不同规格的构件，进行构件设计。之后把构件图下达到车间，进行开模和构件生产。这样制造出来的混凝土预制构件，全都属于非标产品。

【南京】目前具备预制装配构件设计能力的是从事预制装配建筑施工和构件生产的建筑施工企业、构件生产企业，他们却不具备相应的设计资质，无法从事相关的设计工作。

【济南】装配式混凝土结构对整体建筑进行拆分并集中生产，在一定程度上相当于部分施工现场向加工厂的转移，对构件加工的过程、成品的数量和质量的管理增加了难度。

4）**构件生产成本高。**主要原因包括①模数化标准缺失，模板贵。②构件生产企业产品需要缴纳17%的增值税进入市场。③运输成本高，需要严格设计专业的运输器具。

【济南】工业化生产属生产企业，构件工业化生产产品要交纳17%的增值税，增加了生产成本。

【济南】预制构件生产厂厂家不多，运输麻烦，一些墙板构件需要立运，运输路线和运输器具需要严格设计，运输成本高，在吊装起重时，大模板不合适。构件的运输、存放及吊运是济南市发展装配式产业需要解决的问题。

【济南】外墙造型多样，模板贵。

7.4.2 建议

1）加大科研力度，提高预制构件标准化、模数化程度。

【上海】专业部门要进一步研究装配式住宅标准化的规范、体系，可供选择。

【行业专家】需要行业主管部门组织编制全国性或地方性的通用构件图集，并制定政策措施，引导建筑设计企业按照模数化、标准化的原则，尽可能多地采用通用构件，减少非标构件，在此基础上再实现住宅设计的个性化和多样化。

2）加大构件类企业的经济扶持力度。制定针对构件生产增值税的优惠政策。

【济南】优化建筑企业结构，淘汰技术力量薄弱、挂靠、分包小队伍，促进建筑业结构调整。

【济南】在材料行业应加强这方面的科研和生产，强化轻钢结构主材的配套生产。

7.5 装配式住宅施工安装

7.5.1 问题

1）针对不同结构体系的，通用的施工工艺工法较少。企业自主的研究成果未能得到很好的推广和实践。

【济南】在预制装配式建筑施工技术与装备方面明显滞后，缺乏系统和综合的基础性研究，仅有的分散、局部的研究成果也未能很好地推广应用于工程实际。

2）施工现场人员调配机制有待健全。施工现场管理模式不健全导致生产施工效率降低、工作质量下降。

【沈阳】【济南】对施工现场的布置、人员的调配和连接质量的检测需要有新的管理方法。

7.5.2 建议

1）鼓励企业探索与装配式建筑相适应的工艺工法，把成熟使用的工艺工法，上升到标准规范层面，加强推广。

2）健全施工现场管理模式，设立专门的监管部门。

7.6 装配式住宅全装修

7.6.1 问题

1）全装修方式较现场施工传统方式成本较高。工业化商品进入市场征收增值税，导致工业化内装成本较现场施工方式高。

【沈阳】对部品的要求较高，工业化内装需要以工业产品的形式进入工业化内装建筑市场，会征收较高的增值税，在相关配套的工具设备以及技术管理条件没有具备的情况下，还是会倾向于采用传统的现场施工方式，在劳动力成本没有上涨到一定高度的情况下，采用传统的现场施工方式仍有较大优势。

2）实践应用规模较小。现阶段市场需求较小，导致行业发展缓慢。

【南京】现阶段政策导向的大力发展装配式内装技术，目前还在推广阶段，还没有被大量运用。

3）部品模数化程度低，住宅设计与装修脱节。建筑师不了解现有产品，不能应用于早期设计。

【济南】内装部品、产品种类不全，各个厂家同等级产品参差不齐。设计师不了解现有产品，不能在项目早期予以应用。施工单位，厂家与设计单位联系不紧密，导致后期影响设计效果。设计单位后期监理职能无法发挥，无法贯彻前期设计思想。

7.6.2 建议

1）围绕全装修设计、施工、验收、维护出台针对性标准规范，加强部品标准化、模数化。

【南京】应该基于装配式建筑的设计标准，制定与之匹配的一系列装配式内装设计生产施工标准。

【济南】制定行业标准，使整个设计、建材行业有一个专业的模数标准。确定设计师在业界中的地位，明确行业规则，避免不正当竞争；提高施工工程的质量，达到可以配合工业化生产制品的精度。

2）对全装修给予税收方面的扶持政策。制定相应的税收优惠和财政补贴政策。

3）将全装修纳入设计施工图审查环节，强化设计与装修一体化。

7.7 装配式住宅工程总承包

7.7.1 问题

1）装配式住宅设计、生产、施工、组织、管理环节脱节。代表不同的利益主体，其结果是设计不考虑生产和施工，主要以“满足规范”为目标，达不到生产、装配的深度要求。

【北京】传统的建设组织方式下，设计、生产、施工、组织、管理各自为战，代表不同的利益主体，其结果是设计不考虑生产和施工，主要以“满足规范”为目标，达不到生产、装配的深度要求。施工企业在利益驱使下，总在找各种理由（包括拆改、设计不合理造成的浪费等）向建设方争取费用。这就造成设计和施工效率低下、浪费严重且不容易统一协同，尤其难以满足装配式建筑全过程、全产业链集成的客观要求。

2）总承包责任与能力矛盾。具有总承包资质的企业并不一定具有装配式住宅构件生产能力、施工能力，根据《建筑法》，总包单位不能将任务转包。

【南京】绝大多数具有特级或一级工程总承包资质的我国大型建筑施工企业由于长期承揽以现浇技术为基础的工程任务，不具备预制装配式结构施工能力，而我国《建筑法》规定，实施施工总承包的，建筑工程主体结构的施工必须由总承包单位自行完成，所以总承包单位不能将自己不能完成的预制装配建筑施工任务转包，造成实际施工困难。

【济南】具备总承包资质的企业目前不具备专业化生产能力，尤其是装配式住宅生产、安装的能力不足，少数具备能力的企业又无承包项目资格，造成专业化公司还要挂靠，增加管理成本。

3）建设管理措施亟需改变。

【南京】建设管理措施不配套。我国具有自身国情特点，这一特点与我国实施的资质管理制度紧密相关，在南京市也不例外，从设计管理、招投标管理、施工管理、构件生产的管理到质量验收监督，大部分制度主要针对传统建筑生产方式设计。

7.7.2 建议

1）鼓励企业向EPC总承包模式转型。

【北京】鼓励企业向“EPC总承包”模式转型。

2）采取强强联合，并购等方式。加强总承包企业自身能力，达到装配式住宅建设水平。

3）完善相关建设管理制度。

7.8 人才

7.8.1 问题

1）各个城市都亟需装配式住宅建设相关各环节、各专业人才。装配式住宅教育缺位，高校与技术院校尚未专门培育相关人才。

【上海】上海市现有设计、施工、监理等建筑业从业单位12000多家（含外省市进沪单位），从业专业技术人员13万人，劳务工人约50万人。上述单位和人员当中，从事过装配式建筑研究、设计、制作安装、管理的单位和人员只占小部分，远远满足不了本市建筑工业化发展的要求。

【济南】高校中尚没有一个学校开设有专门的钢结构专业，中高等专业学校的教学内容均未涉及钢结构住宅建筑体系，专门研制钢结构住宅的人员较少，大多数设计和施工单位在传统结构体系方面有专长，而在轻钢结构住宅方面缺乏相关的经验。施工人员素质参差不齐，有待提高。一般民工达不到现场施工要求，往往会影响施工进度、降低施工质量。

【上海】装配式住宅对现场施工人员是有要求的，不是一般民工能胜任的，必须是培训过的，这与以往是不同的。由于施工方或建设方对此项工作在认识上的问题，认为装配式住宅建设这项工作是很简单的，所以不经过培训的农民工也在做这项工作，结果这些农民工确实跟不上现场施工的要求，所以出现一些地方建造一层楼需要20多天的局面，事实上目前现浇一层楼也不过需要6~7天，这对装配式住宅的推广是大大不利的，影响了装配式住宅的施工进度。

【南京】施工队的整体业务素质参差不齐，需要提高。

【济南】装配式住宅施工技术还不成熟，济南市的技术人员大都没有接受过正规专业的培训，施工工人速度慢，降低了施工效率。

【沈阳】【济南】装配式构件的现场组装依托于新的连接工艺和保温措施，施工管理人员的需要对装配式技术有深入透彻的了解。

2）管理人才缺失。亟需具有装配式建筑设计经验的技术人才、具备装配式建筑一体化管理能力的项目经理、装配式建筑一体化监督管理经验的监管人才等管理人才。

【上海】亟需在未来5年着力培育以下四类人才：一是具有装配式建筑设计经验的技术人才；二是掌握装配式建筑工厂制作、现场安装技术的产业工人；三是具备装配式建筑一体化管理能力的项目经理；四是具有装配式建筑一体化监督管理经验的监管人才。

7.8.2 建议

1）开设装配式建筑相关专业。

2）组织相关人员编制装配式住宅相关教材。

3）鼓励行业协会、联盟等社会团体开展装配式住宅相关培训活动，走进市、区、企业，提高技术工人及管理人员的素质与能力。

【上海】加强产业工人的培训，建立一整套制度及相关培训机构。

【南京】要从思想认识和操作技能两方面着手，培养一批专业化的产业工人和一支专业化的施工队伍。

4）鼓励高校与企业合作，搭建合作平台，建立实践基地，培养应用型人才。

【济南】加大科研力度，开展课题研究。适时组织国内外开展学术、技术交流。各类学术、行业协会加强轻钢结构的教育和普及工作。

7.9 宣传

7.9.1 问题

1）从业人员对装配式住宅存在误区。装配式住宅的质量不仅仅体现在装配率，也同样体现在管理等环节。

【南京】业界对装配式建筑领域认识存在的误区。装配式建筑不仅仅是简单的装配率高低问题，同时也包括体制机制、资质管理、招投标管理、质量监管和检查等。

【济南】开发商缺乏开发轻钢结构住宅体系积极性。

【济南】许多房地产商认为装配式钢结构住宅造价昂贵。

【上海】主要表现为以消极的态度去接受这件事，不是自身的要求，也不是觉得这件事情好，而是被动地去接受，所以执行上造成许多偏差。

【行业专家】目前所谓装配式结构，主要以主体结构的施工方式进行划分，属于一种狭义的概念。其他分部工程也有装配式施工与非装配式施工的区别，特别是装饰装修工程。

2）消费者对装配式住宅存有疑虑，市场接受度不高。

【上海】市场接受度不高，很难推广。建议继续加大钢结构住宅宣传力度，建议政府继续要做好宣传、引导，逐步培育装配式建筑市场。

【沈阳】老百姓已习惯青砖大瓦房，对钢结构房屋缺少认识，特别是911坍塌，在大众心理已留下阴影。

【济南】住宅消费观念比较保守，缺乏必要和科学的了解。

7.9.2 建议

重新定义装配式住宅的定义，包括施工、管理等各方面全流程。加强宣贯，引导从业者改变“为装配而装配”的理念。

【南京】不能仅仅用技术的思维来发展装配式建筑，而要用提升行业整体素质、推动行业转型升级的思维来指导行动。要从时代发展的高度深刻认识装配式建筑的历史必然性及其重大意义，要从国家战略的高度充分认识和推进装配式建筑，大力发展装配式建筑其本质上是驱动并助力加速推进建筑业的现代化进程，实现建筑业转型升级。要抓住发展装配式建筑顶层设计的“牛鼻子”——建造方式的一种变革，生产方式的一场革命，落实在建筑业转型升级的高度，不能走入“唯装配”的误区。

【行业专家】建议把装配式建筑定义为广义的概念，囊括建筑施工的各方面和全过程。

【济南】加强政府宣传职能。

市场主体专题调查

我国各级政府对装配式住宅产业发展的高度重视以及一系列政策的拉动，为国内建筑行业的市场主体提供了新的发展空间和机遇。国内装配式住宅产业的市场主体近年来非常活跃，为推动整个产业发挥了重要的作用。

伴随着社会化大生产和专业化分工，装配式住宅产业的市场主体可以分为开发建设类企业、设计类企业、构件类企业、内装类企业等类型。本专题调查根据上述4种类型划分，通过座谈研讨、人员访谈等方式，在每种类型中选取了具有代表性的部分企业，调查了其发展历程及现状、业务模式和核心能力、技术研发与项目业绩、组织架构及公共关系管理等情况，梳理了各类型企业主体提出的问题及企业从业人员提出的相关建议。

1 开发建设类企业

1.1 北京住总集团

1.1.1 企业概况

北京住总集团成立于1983年，经过30多年的发展历程，形成了比较完整的开发建设产业链，涵盖了从设计、开发、建设、监理、物流、物业等各个环节，是以建筑施工、地产开发、现代服务三业并举，跨地区、跨行业、跨国经营的大型国有独资公司。共获鲁班奖、国优奖28项，近百项省部级以上科技进步奖、百余项国家级专利。北京住总集团具有房屋建筑工程施工总承包特级资质证书、工程设计建筑行业甲级资质证书、建筑装修装饰工程、钢结构工程等资质证书。

2016年底，公司实现“新三板”上市，成为华北地区装配式建筑第一家“新三板”挂牌的公司。集团所属全资、控股、参股子公司及事业部30余家，总资产500亿元，年综合经营额300亿元，累计建成各类建筑近亿平方米，开发建筑住宅小区75个计2000余万平方米。

“十二五”期间，住总集团全面开展了住宅产业化全产业链的技术研究和实践应用，紧密结合工程建设和产学研用，大力推进以“建筑设计标准化、部品生产工厂化、现场施工装配化、结构装修一体化、建造过程信息化”为特征的建筑业新型发展方式，积极推进装配式建筑领域全产业链的建设和发展。2015年初，北京住总集团有限责任公司获批入选住房城乡建设部“国家住宅产业化基地”并授牌。“十三五”期间，北京住总集团将在既有“国家住宅产业化基地”的基础上，按照“国内知名的城市投资建设运营服务商”的定位，在装配式建筑领域全面打造并形成能够适应工程总承包管理模式，具有核心竞争优势的成套装配式混凝土建筑、装配式钢结构建筑集成技术体系及运营管理模式，系统建立并完善具备企业自主知识产权的配套结构性与功能性技术产品系列，深入推进“BIM+LC”在装配式建筑领域全产业链的贯通研究和项目实践。

2015年12月北京住总全国住宅产业化基地落成，5万m^3年产能，可满足50万m^2装配式住宅结构需求。2016年4月成立北京建筑工业化产业发展智力联盟。2016年底，国家级装配式建筑产业园一期开工。住总集团形成以PC板等装配式建筑部品、地下综合管廊构件、城市轨道交通盾构管片、内装工业化产品为主的生产线。建设了装配式建筑BIM研发、展示、培训、商务中心等设施。

1.1.2 企业组织架构

为更好地整合企业技术创新资源，集团内部设立了北京住总集团“BIM技术中心”“装配式建筑中心”“钢结构住宅研究中心”。每个研究中心确定了责任人、组织架构和实施依托单位。

北京住总集团房地产开发板块包括北京住总房地产开发有限责任公司、北京住总绿都投资开发有限公司、天津市津辰银河投资发展有限公司、天津京宝置地有限公司、北京住总置地有限公司等8家企业。建筑施工板块包括北京住总集团有限责任公司工程总承包部、北京住总第一开发建设有限公司、北京住总第二开发建设有限公司、北京住总钢结构工程有限责任公司等14家企业。现代服务业板块包括北京住总万科建筑工业化科技股份有限公司、北京市住宅建筑设计研究院有限公司（以下简称“北京住宅院”）等9家企业。

1.1.3 行业公共关系

北京住总集团组织社会团体“北京市装配式建筑智力联盟”的建设工作，并在2016年

4月底顺利召开了联盟工作筹备和启动会，2016年5月6日又召开了“联盟专家探讨会”，为北京市政府提交了关于“住宅产业化”的工作报告。

2016年7月19日，北京装配式建筑发展智力联盟与北京住总集团共同举办装配式建筑技术交流与培训，重点讲解了北京市推动装配式建筑发展的政策趋势和装配式建筑设计、生产、施工关键技术。为贯彻落实北京市人民政府办公厅关于大力推广装配式建筑的要求，北京城建七建设工程有限公司与北京住总万科建筑工业化科技股份有限公司，经友好协商，决定就装配式建设、BIM在装配式建筑应用等领域开展合作，并于2016年9月30日签订战略合作协议。

1.1.4 研究工作

北京住总集团配合中国绿建委和中建总公司完成了“装配式混凝土结构施工关键技术研究”课题，牵头自主完成专项示范——“预制装配式剪力墙结构施工安装成套技术研究（高层住宅）”。参与了国家“十三五”课题——“近零能耗建筑技术体系及关键技术开发”，并牵头其中子课题的研究任务。

北京住总集团组织住三公司、科技公司完成《装配式剪力墙住宅工艺标准指导手册》的编制工作。

北京住总集团积极做好设计院、钢结构公司的组织协调以及自身建设的管理工作，做好新老两代钢结构住宅工程技术的结合与再创新，适当前瞻，研究开发适合当前市场发展以及节能标准的结构体系、维护体系和保温体系。

住总集团以及下属单位参与国家“十三五”重点课题“基于BIM的预制装配建筑体系应用技术”[绿色建筑及建筑工业化（第一批）]。

选取了“一体化”试点项目全面实施并研究了在市国资委立项“BIM在住宅产业化全产业链应用建设”的课题，针对BIM5D平台结合预制装配式项目特点进行了功能深化定制开发，并自主研发了基于BIM的预制构件生产管理平台和RFID成套技术标准。

配合中国绿建委和中建总公司完成了“装配式混凝土结构施工关键技术研究”课题，牵头自主完成其中子课题二“基于BIM的装配式PC建筑深化关键技术研究”。

2017年重点进一步完善“BIM—住宅产业化”可视化平台和RFID芯片，确保平台切实为企业经营服务，实现“平台用得好、部品可追溯、企业有效益”，体现BIM+的增值价值。

致力于做好全产业链的技术集成与产品定型的研究工作，打造具有企业自主知识产权的“平面户型、建筑部品、安装配件”协调统一的标准化产品库。

1.1.5 装配式建筑核心能力

1）设计能力

1983年北京住宅院被批准承担装配式大板、高层住宅的设计与科研工作。截至1990年，北京住宅院共完成工业化大板住宅建筑设计工作共计398718m^2。

截至2017年9月，住总集团已累计完成住宅产业化设计任务530万m^2，掌握了8度抗震区全构件类型的预制装配式剪力墙建筑的成套标准化设计技术，其中代表性的项目有2010年设计完成的首个全构件类型的装配预制剪力墙结构体系住宅楼——万科长阳半岛5号地实验楼；2012年完成的首例具有隔震技术的高层住宅建筑——金域缇香，其中7号、8号、9号三栋楼实施全装配预制剪力墙结构体系，8号、9号楼标准层预制率36.7%，7号楼突破性地设计了基础隔震体系，是国内首例隔震技术与住宅产业化技术结合的工程，通过隔震技术减少地震力65%，实现8度抗震设防区按7度设计，突破了极限设计高度。

2）部品供应能力

北京住总集团所属北京住总万科建筑工业化科技股份有限公司已经为集团内外共计25家单位及项目供应了叠合板、预制保温夹心外墙板、内墙板、楼梯等多种类型的结构部品，累计完成7.5万m^3、200余万m^{2}供应任务。北京住总集团已经建成了全自动的高度数控化的结构部品生产线，掌握了先进的部品生产线的工业设计与安装技术，能够生产加工预制装配式混凝土建筑所需的各类规格的结构部品。其中顺义生产车间布置了两条混凝土构件生产线，80个4m×6m模台。Ⅰ号线以标准板类构件为主要产品，整个生产过程以自动控制为主，实现流水线连续生产；Ⅱ号线以内外墙板等构件为主要产品，采取台座式组织生产。2016年，住总万科建筑工业化科技股份有限公司获批成为全国高新技术企业并实现了“新三板”上市，成为华北地区装配式建筑第一家“新三板”挂牌的公司，先后接待政府部门、大型企业以及社会团体等考察参观共计150批次3500多人。

3）五大技术体系

北京住总集团已经形成了全产业链模式下的五大技术体系，分别是：预制装配式住宅工程成套设计技术体系、预制装配式住宅工程部品制备技术体系、预制装配式住宅工程成套施工技术、预制装配式住宅工程仿真建造（BIM）技术体系以及钢结构形式住宅产业化建造技术体系。同时，注重发挥设计的引领作用，建立了标准化设计方式，具备了与施工生产全面配套的技术产品与工艺体系。

1.1.6 典型项目案例

1）新开一体化预制装配式住宅小区——首开亦庄X23R2地块（公租房）

项目位于大兴区，总建筑面积80400m^2，1~5号楼为预制装配式剪力墙住宅。其中全一体化栋号为3号、4号、5号楼，地下3层，地上16层。3号楼16794m^2（标准层平面982.6m^2），4号楼16783m^2（标准层平面982.6m^2），5号楼16882m^2（标准层平面988m^2）。构件包括外墙、楼板、阳台、空调板、楼梯以及轻质内隔墙。项目内檐精装修采用内装工业化。同时该项目也是北京住总集团“BIM在住宅产业化全产业链应用建设”的研究与应用项目。

2）百子湾项目

为朝阳区保障性住宅及配套公建、商业项目，整个地块共分为六个组团，分2个总承包单位，住总集团承担第一、五、六组团。包括1号、2号、9号、10–1号、10–2号、10–3号住宅楼及地下车库、配套商业。总建面积22.28万m^2，地下建筑面积8.81万m^2，地上建筑面积13.47万m^2，其中1、9、10号住宅楼地上3层开始为全装配式住宅楼，2号住宅楼为超低能耗被动房。本工程住宅楼外形复杂，均呈Y字形，顶层高低起伏，最高层数27层，最低层数11层；外墙立面效果为清水混凝土涂界面剂。1号公租房、9号公租房、10–1号公租房、10–2号公租房、10–3号公租房为全装配式剪力墙结构。预制层均为4F~RF。按户型分，1号公租房、9号公租房为单廊式，10–1号公租房为柯布式，10–2号公租房、10–3号公租房为双廊式。包含以下预制构件：预制外墙、预制内墙、PCF板、UHPC板、预制叠合板、预制阳台、预制楼梯、预制女儿墙等。预制化率在50%左右。

1.2 北京建工集团

1.2.1 企业概况

北京建工集团自1953年成立至今，是一家跨行业、跨所有制、跨地区、跨国发展的大型企业集团。年工程合同额超过850亿元，年新签工程合同额突破1000亿元。集团拥有全资企业、控股企业、参股企业56家，拥有总承包部、国际工程部、物业部等多个直属经营型事业部；集团拥有2万余名员工，其中专业技术人才1.3万名、高级以上职称专家千余名。

北京建工集团的业务格局为“双主业多板块”。“双主业”为工程建设和房地产开发、物业管理，“多板块”包括节能环保、工业和服务业等。集团集生态评估、城市规划、环境改造、建筑设计、工程技术研发、投资开发、施工建造、低碳运营维护等于一体，可以提供全过程“交钥匙”服务。北京建工集团在国内外各领域拥有一批颇具实力的战略合作伙伴，使集团在整个产业链的每个环节，都可以充分整合企业内外各种优势资源，为客户提供最优质的服务。北京建工集团的经营地域遍布中国国内以及世界各地。工程遍布国内30多个省（自治区、直辖市）及香港、澳门地区，在全球20多个国家（地区）设立区域分公司或办事机构。

北京建工集团是房屋建筑工程施工总承包特级企业。集团年开复工面积3000余万m^2。自成立以来，累计建设各类建筑2亿余m^2，合格率达到100%，优良率达到80%以上。

北京建工集团68项工程荣获“中国建设工程鲁班奖”，39项工程荣获中国土木工程（詹天佑）大奖（含优秀住宅小区金奖），53项工程获中国国家优质工程称号。取得部市级以上重大科技成果300余项，国家级工法58项。在20世纪50年代、80年代、90年代以及北京当代4次“北京市十大建筑”评选中，共有22项工程出自北京建工集团之手；有8项工程当选“新中国成立60周年百项经典暨精品工程”；在中国“百年百项杰出土木工程”评选中，北京建工集团建设了其中7项。

1.2.2 企业组织架构

2016年整合了集团在装配式建筑领域的优势资源，成立了北京建工建筑产业化投资建设发展有限公司。2016年12月25日，北京建工集团与顺义区战略合作签约仪式暨北京建工建筑产业化投资建设发展有限公司揭牌仪式，公司作为集团探索产业结构，培育新兴产业，优化产业链，推动企业转型升级而重点打造的全资子公司，是承担建筑产业化业务的高端核心企业，集投资、研发、设计、制造、施工及运营于一体的产业化绿色建筑整体集成供应商。

企业涉及装配式住宅的技术、产品、服务包括：技术咨询服务，主要包括预制混凝土构件的生产线工艺设计、生产技术咨询和安装技术咨询以及工程设计工作；PC构件、钢结构生产以及工程施工管理等。

企业同时得到多项扶持政策支持：新型墙体材料部品部件的生产，享受增值税即征即退优惠；项目办理房屋预售时，不受项目建设进度要求的限制；实施项目给予相应的面积奖励。

企业现有装配式住宅生产服务能力50万m^2，在建装配式住宅产业服务能力30万m^2、2017~2020年拟建装配式住宅生产服务能力200万m^2，企业技术、产品、服务实际应用规模：2010~2011年为3.5万m^2、2013~2015年为20万m^2、2016年为30万m^2。

1.2.3 项目案例

1）马驹桥物流B东地块公租房项目

马驹桥物流B东地块公租房项目基本信息 **表2-1-1**

项目名称	马驹桥物流B东地块公租房项目
项目获奖情况	北京市结构长城杯、装配式建筑科技示范项目
项目建设时间	2013.7~2016.9
项目建筑面积	210902m^2
该项目结构类型	混凝土结构
是否为总承包模式	EPC
设计方名称及简介	北京市建筑工程设计有限责任公司：北京建工集团有限责任公司属下之独立法人的综合性建筑设计机构
构件生产方名称及简介	北京市燕通建筑构件有限公司：由北京市政路桥集团有限公司和北京市保障性住房建设投资中心两大国有企业组建的国有控股公司
施工方名称及简介	北京建工集团有限责任公司：房屋建筑工程施工总承包特级企业
内装方名称及简介	北京建工集团有限责任公司
应用的绿色建材	CSI装配式装修体系，快装轻质隔墙、快装龙骨吊顶、模块式快装采暖地面均为绿色建材
该项目特点	住宅采用装配整体式剪力墙结构，装修采用CSI体系装配式装修，配套公建幼儿园采用新型建筑围护结构与保温一体化网格墙结构，建筑能耗低、品质高、寿命长
本企业在该项目中遇到的问题及解决措施	该项目边设计边施工，开工初期施工验收规范出台并不完善，工程结构形式与装修方式对于本项目均为首次施工无施工经验。解决措施：参见各方共同研究解决施工中的各种问题，共同研究施工与验收方案，并与有关专家共同商讨，达成一致意见后严格按方案执行，最终圆满完成本工程施工任务
本企业就该项目需说明的其他情况	该项目施工完成后为后续承接的同类工程项目提供了非常有益的借鉴

2）朝阳区百子湾保障房项目公租房地块第二标段

朝阳区百子湾保障房项目公租房地块基本信息 **表2-1-2**

项目名称	朝阳区百子湾保障房项目公租房地块第二标段
项目获奖情况	在施工程
项目建设时间	2016.4开工
项目建筑面积	188500m^2
该项目结构类型	混凝土结构

续表

是否为总承包模式	是
设计方名称及简介	北京市建筑设计研究院有限公司：国有独资公司，国有资产监督管理委员会监督管理的一级企业。工程设计行业甲级、城乡规划设计甲级、工程咨询甲级、工程造价咨询甲级、旅游规划设计甲级、风景园林工程设计甲级、环境工程（物理污染防治工程）甲级
构件生产方名称及简介	北京市燕通建筑构件有限公司：由北京市政路桥集团有限公司和北京市保障性住房建设投资中心两大国有企业组建的国有控股公司
施工方名称及简介	北京建工集团有限责任公司：房屋建筑工程施工总承包特级企业
应用的绿色建材	拟采用CSI装配式装修体系
该项目特点	住宅采用装配整体式剪力墙结构，装修采用CSI体系装配式装修
本企业在该项目中遇到的问题及解决措施	无
本企业就该项目需说明的其他情况	无

3）永丰产业基地（新）C4、C5公租房项目工程A、B组团

永丰产业基地基本信息　　表2-1-3

项目名称	永丰产业基地（新）C4、C5公租房项目工程A、B组团
项目获奖情况	（质量目标结构长城杯、绿色施工目标绿建三星）
项目建设时间	2016年10月24日开工
项目建筑面积	120271m^2
该项目结构类型	A1、2、3、4、5、7、8、10号楼三层下为现浇剪力墙结构； A6、9号楼首层下为现浇剪力墙结构； A1、2、3、4、5、7、8、10号楼三层上（含三层）；A6、9号楼首层上（含首层）为装配式剪力墙结构
是否为总承包模式	是
设计方名称及简介	中国建筑标准设计研究院
构件生产方名称及简介	长沙远大住宅工业集团（天津）有限公司
施工方名称及简介	北京市第三建筑工程有限公司
内装方名称及简介	A组团北京筑邦建筑装饰工程有限公司，B组团丽贝亚装饰工程有限公司
应用的绿色建材	太阳能热水系统：住区100%采用集中设置集热板、分户设置储热水箱的太阳能热水系统，铺设集热器；太阳能路灯：住区室外采用太阳能LED路灯、景观照明灯； 新能源汽车专用停车位及充电桩：住区按停车位个数的20%优先供新能源汽车使用，并配备相应数量的充电桩；非传统水源利用：采用市政中水，同时收集雨水回用，用于冲厕、绿化浇灌、车库冲洗、道路浇洒。 非传统水源利用率占住区设计用水比例达39%

续表

该项目特点	采用装配式剪力墙结构体系，等同现浇剪力墙结构设计体系，实施主体结构产业化； 内装产业化：采用SI技术体系，将主体和内装及管线分离，在主体结构耐久的前提下大力提高了住宅内部的灵活可变性；满足了住户多样化居住需求与设备管线日常维护的便捷性需要；并且内部轻质隔墙体系易于住户后期自行改造，还预留了日后相邻户型合并的可能性，使住宅达到可持续型优良社会资源的要求。 通过"技术的全面转型创新"和"可持续建设与居住理念"的构建，全面解决四大主要问题： 通过标准化设计和工业化建造技术解决"在快速大量建设的同时，提高效率和保证质量"的问题； 通过适应可变性和功能精细化设计解决"满足对居住的更高需求，适应全生命周期需要"的问题； 通过建立与城市互动的开放式住区解决"实现住区城市和谐共融，并带动整个区域发展"的问题； 通过打造与环境共生型绿色居住区，解决"更节能减排更环保，可持续，改善区域微气候"的问题
本企业在该项目中遇到的问题及解决措施	无
本企业就该项目需说明的其他情况	无

4）万科中粮假日风景项目D地块D1号、D8号住宅楼

万科中粮假日风景项目基本信息　　表2-1-4

项目名称	万科中粮假日风景项目D地块D1号、D8号住宅楼
项目获奖情况	北京市建筑结构长城杯 实用新型专利3项 北京市级工法1项 中施企协科学技术奖创新成果一等奖1项
项目建设时间	2010.4.15~2011.11.10
项目建筑面积	35301m^2
该项目结构类型	混凝土结构
是否为总承包模式	是
设计方名称及简介	北京市建筑设计研究院
构件生产方名称及简介	北京榆构有限公司
施工方名称及简介	北京建工集团有限责任公司
内装方名称及简介	北京建工集团有限责任公司
该项目特点	万科中粮假日风景项目D、E地块工程抗震设防烈度为8度，主体为装配式剪力墙结构（内墙为钢筋混凝土现浇剪力墙、外墙为装配式剪力墙），采用装配式叠合楼板，预制楼梯，预制混凝土外墙板、阳台板与外飘窗等预制构件

续表

本企业在该项目中遇到的问题及解决措施	遇到的问题：质量标准缺少针对性，不适用本工程 解决措施：参建各方共同协商，制定相关验收要求
本企业就该项目需说明的其他情况	无

1.3 北京城建集团

1.3.1 企业概况

北京城建集团是以城建工程、城建地产、城建设计、城建园林、城建置业、城建资本为六大支柱产业的大型综合性建筑企业集团，从前期投资规划至后期服务经营，拥有上下游联动的完整产业链。

北京城建集团现有总资产1758亿元，自有员工25986人。2018年新签合同额1606亿元，营业收入757亿元，开复工面积5223万m^2以上，自营房地产开发面积500万m^2以上，主要经济技术指标在北京市属建筑企业中均排名第一。

北京城建集团具有房屋建筑工程、公路工程施工总承包特级，工程设计综合甲级和机电安装、地基与基础、钢结构等一批专业总承包一级资质。在工业与民用建筑等领域的设计和施工业务遍及全国。地产开发业务秉承“品质·人生”理念，在全国多个省市拥有房地产开发项目。城建设计拥有全国轨道交通创新平台，形成了设计引领、产品研发、市场推广的一体化发展模式。

北京城建集团123次荣获中国建筑业“鲁班奖”、国家优质工程奖和詹天佑大奖。目前正在建设的有北京行政副中心等重大工程。

1.3.2 企业组织架构

1）北京城建集团BIM工作室

集团在该集团工程总承包部成立了北京城建集团BIM工作室。BIM工作室的成立，将进一步加快BIM资源整合与先进BIM技术推广应用。

北京城建集团十分重视科技创新工作，早在“鸟巢”工程建设中就与清华大学合作开发了基于BIM的4D可视化管理系统，是我国同行业最早引入和应用BIM的企业。该集团在“鸟巢”工程中BIM技术应用、基于IFC标准的建筑工程4D施工管理系统获华夏建设科技奖一等奖、北京市科技进步三等奖；昆明新机场BIM技术应用获全国BIM大赛龙图杯二等奖、全国三维数字化创新设计大赛数字建筑BIM方向龙鼎奖二等奖；英特宜家BIM技术应用荣获2014年第三届“龙图杯”全国BIM大赛一等奖。北京城建集团也成为自启动全国BIM大赛以来唯一一家施工企业获得一等奖的单位。

2）北京城建亚泰建设集团有限公司

北京城建亚泰建设集团有限公司成立于1994年，是国家大型一级建筑施工企业，资信等级为AAA级，拥有房屋建筑、市政公用、建筑装饰装修、文物保护、园林古建筑、钢结构、机电设备安装、起重设备安装等8个国家一级资质，国际承包、房地产开发、建筑装饰设计甲级资质以及特种设备安装改造维修许可证；具有承担工业与民用建筑、装饰、市政、古建、钢结构、高速公路、水电设备安装施工、房地产开发以及商品混凝土等生产能力。公司先后荣获“北京市守信企业”“首都文明单位”“全国消费者满意施工企业”“全国诚信建设示范单位”“中国优秀企业”“全国五一劳动奖状”“全国优秀质量品牌文化奖”等荣誉称号。

现有职工1095人，其中，高、中级技术人员266人；拥有国家一级建造师126人、二级建造师76人。目前，集团公司拥有14家法人企业和20家管理公司、分公司、项目部。

2017年5月，北京市住房和城乡建设委员会村镇处、科技促进中心联合开展送技术到企业活动，在北京城建亚泰集团开展了第一期装配式建筑政策专题培训。培训结合工作实际，从科研立项、成果鉴定、新农村建设等方面，对科技如何在施工领域引领企业发展进行了讲解，并对北京市地方标准制定、装配式建筑、智慧建造等建筑行业的未来趋势作了详尽的阐述。对装配式建筑相关政策、装配式建筑现行技术标准、装配式建筑的设计要点、关键技术、深化设计流程、施工控制要点等业务知识进行了深入细致的讲解，并列举装配式建筑工程项目实际案例巩固培训效果。加深了企业对于装配式建筑的了解，对今后工作有很强的指导作用。

3）北京城建二建设工程有限公司

北京市第二城市建设工程公司，1999年底完成国有企业改制，成为国有控股的有限责任公司。公司拥有职工1700人，各类专业技术和经营管理人员1100多人，其中具有高、中级职称人员270多人，拥有各种土方、运输机械、自升式塔吊、砼泵车、罐车、50t汽车吊等先进施工设备170余台。

公司为房屋建筑工程施工总承包一级、建筑装修装饰工程专业承包一级、钢结构工程专业承包一级、起重设备安装工程专业承包一级、信用AAA的综合建筑施工企业。是智力密集、技术密集、结构高度优化的管理型公司。可承担工业与民用建筑、钢结构工程、高级装饰等工程建设施工。1997年以来先后国优鲁班奖7项、北京市长城杯奖32项等。

1.3.3 结构全装配住宅项目

北京城建开发公司从2013年开始对装配式建筑开展系统性研究，并按照适应、经济、安全、绿色、美观的要求，启动了全装配商品住宅项目的试点工作，开辟了探索装配式住宅的创新之路，并依托试点项目建设了装配式建筑展示中心。

2017年12月，作为全国首批实践结构全装配住宅项目之一的北京城建集团装配式建筑展示中心正式对外开放。项目采用首层开始装配的方案，每个标准层采用32种144块预制混凝土构件，单体建筑预制率达到60%，整体装配率大于90%，装配式建筑评价为AAA级，绿色建筑评价三星级，综合指标在目前国内同类项目中居领先水平；外立面应用预制装饰混凝土构件，提高了建筑立面的美观性及耐久性，呈现出工业化建造的优势。作为北京市BIM应用示范项目之一，施工图设计阶段即采用BIM软件直接搭建建筑信息模型，建筑模型在项目建设的全过程进行应用及管理。项目以建设全生命周期住宅为理念，结构上采用内部大空间设计，实现了空间可变性；装配式装修中运用SI住宅体系，结构体与管线及装饰层完全分离，保证了结构体的耐久性与装饰层的可更新性；整体厨卫、同层排水、智慧家居等产品及技术的使用，打造出高品质的全装修住宅产品。

1.4 上海建工集团

1.4.1 企业概况

上海建工是上海国资中较早实现整体上市的企业。前身为创立于1953年的上海建筑工程管理局，1994年整体改制为以上海建工（集团）总公司为资产母公司的集团型企业。1998年发起设立上海建工集团股份有限公司，并在上海证券交易所挂牌上市。2010年和2011年，经过两次重大重组，完成整体上市。

上海建工集团是中国建设行业的龙头企业，承担了中国城市现代化建设的重任，保持上海城市建设主力军地位。成功建造了以上海中心大厦、国家会展中心（上海）、上海迪士尼乐园、昆山中环线、港珠澳大桥澳门口岸旅检大楼等为代表享誉国内外的一系列“超级工程”。2018年上海重大工程建设参与率达71%。2018年，上海建工高标准完成了中国首届国际进口博览会主场馆建设——国家会展中心提升改造和全市多项道路更新、景观提升与运营保障等重大任务。上海建工历年累计获鲁班奖110项。国内市场形成了以长三角区域，以及华南区域、京津冀区域、中原区域、东北区域、西南区域和其他若干重点城市组成的“1+5+X”国内市场布局，承建的工程覆盖全国34个省市自治区的120多座城市。上海建工在海外20个国家或地区承建项目，其中在柬埔寨、尼泊尔、蒙古、马来西亚、哈萨克斯坦、东帝汶等18个“一带一路”国家开展业务。上海建工打造完整的产业链，从规划、设计、施工到运行保障维护；从工程建设全过程到高性能商品混凝土和建筑构配件生产供应；从房地产开发到城市基础设施项目的投资、融资、建设、运营。上海建工具有国家有关工程设计、施工和房地产开发等方面的最高等级资质，具备对外承包经营、外派劳务、进出口贸易等资格；集团优势使上海建工具备工程总承包能力、成套施工技术研发和集成能力、工程设计咨询和技术研发和集成能力、工程配套服务集成能力、产业集成能力和社会资源整合能力，形成了强大的综合实力。

上海建工坚持“科技兴企”“人才强企”的发展战略，依托国家级技术中心、博士后工作站以及多层次的技术研发体系，取得了一批具有行业领先水平的科技成果，其中国家科技进步奖一等奖4项、二等奖7项和200多项部市级奖项。2018年研发投入近52亿元，占营业收入的3%。在2017年国家发展改革委发布的国家企业技术中心评价中，上海建工以94.5分的优异成绩位列全国1345家国家企业技术中心第7名、土木建筑业第1名、上海市第1名，领先于同行。拥有9家上海工程技术研究中心、19家国家高新技术企业。

1.4.2 业务规模

上海建工已基本形成投资开发、科技研发、工程设计、总承包施工、构配件生产与装配工培训等为一体的全产业链推进预制装配式建筑工业化建造的体系。上海建工旗下拥有投融资与开发功能兼具的投资公司、房产公司和“产业基金”；拥有工程研究总院绿色建造研究所、工程材料研究所、信息化研究所和市政设计总院海绵城市建设技术研究中心、综合管廊技术研究中心和综合交通枢纽技术研究中心等一批专项技术研发团队；拥有承担制定上海多项预制装配式建筑标准与规范的上海建工设计研究院和旗下的建筑工业化设计研究所等。同时，上海建工拥有5家特级资质的总承包企业和一批专业施工企业，与万科、瑞安等开发商合作，已在全国多个省市建造了超过150万平方米的预制装配式住宅建筑；上海建工旗下材料公司建筑预制构件事业部还拥有多条墙体挂板、成型钢筋和地铁管片等生产流水线；设在建工二建集团内的“上海装配式建筑装配工培训基地”负责装配工培训，经考核鉴定合格颁发人力资源和社会保障部专项能力资格证书。上海建工的预制装配能力已从低层住宅建筑拓展到高层住宅建筑，从住宅领域扩大到公共建筑、城市基础设施等领域。

1.4.3 研究工作

在装配式建筑科技研发方面，上海建工承担并完成了“十二五”国家科技支撑计划项目“夏热冬冷地区建筑节能关键技术集成与示范”和“标准化绿色建筑工程示范和产业化基地示范”等2项课题研究任务；主持“特大型居住社区高效节能围护体系开发与示范”“建筑工程预制混凝土大板幕墙建造技术研究及应用”“上海市工业化住宅建造技术与示范工程应用”“建筑结构节能环保工业化建造技术及相关装备研究应用”等多项装配式建筑相关项目，上海建工集团还承担了上海建筑工程工业化建造工程技术研究中心的建设任务。

“十三五”以来，上海建工继续承担了国家科技部重点研发项目“预制混凝土构件工业化生产关键技术与装备”“工业化建筑部品和构配件模块化、系列化、标准化制造技术研究与示范”多个研究课题。

1.4.4 产业化基地

2016年1月20日，上海建工集团建筑构件产业化基地在上海建工材料工程有限公司第一构件厂召开揭牌仪式。基地位于上海市浦东新区航头镇，未来将力争打造成为上海单一规模最大的装配式住宅PC生产基地。到2020年，该基地的装配式预制构件的生产与装配能力预计将达到每年15万~20万m^3。

1.4.5 项目案例

2007年2月，上海建工二建集团建造的上海万科新里城2栋14层的预制装配住宅是国内产业化住宅首批试点工程。2010年10月，上海建工集团建造的万科广州3栋30层预制装配住宅是目前国内最高的PC住宅。同时，上海建工集团在浦江镇建造的一幢预制装配住宅，预制率高于75%，为国内目前预制装配率最高的住宅。

浦东周康航预制装配式高层建筑项目是由上海建工集团投资建设的装配式高层建筑项目，位于浦东周康航大型居住社区内，总建筑面积达5.9万m^2，由6栋高层住宅楼、1栋社区服务用房及1个独立地下汽车库组成。其中3栋为18层住宅楼、1栋为17层住宅楼、1栋为14层住宅楼和1栋为13层住宅楼。

上海建工在推进预制装配式建筑中，充分发挥建筑全产业链一体化的整体优势，取得的创新成果主要呈现如下六大亮点：

1）长效保温建筑预制维护体系

周康航预制装配高层建筑外墙保温采用上海建工首创的泡沫混凝土保温层与外墙预制板合二为一的新型围护体系，能够彻底解决了传统外墙保温易脱落、不防火、稳定性差、使用寿命短等弊病。传统的保温外贴面做法存在着不可逆转的弊病，例如墙面开裂剥落、保温失效、墙体透水、外墙装饰寿命短等，一些建筑甚至在使用5年后便出现此类问题。

因此，目前国内建筑业、墙改系统、建材行业等对保温外贴面做法反对声较大。而长效保温建筑预制围护体系，其保温层与建筑墙体同寿命，被誉为“全生命周期的保温体系”。

该体系是上海建工依托“特大型居住社区高效节能围护体系开发与示范”课题研发的新型围护体系，即在预制外墙模的基础上集成泡沫混凝土保温层，将外墙保温材料与预制板合二为一，在不显著增加构件重量的情况下达到提高构件功能集成度的目的。该体系在减少现场湿作业、提高功效、缩短施工周期的同时，为外墙面的防水、防潮、保温、装饰提供了综合解决方案。

2）预制混凝土剪力墙体系

相对于传统的现浇剪力墙结构，周康航预制装配高层建筑3号楼全部应用预制混凝土剪力墙体系，其预制剪力墙采用工厂制作、现场通过螺栓连接拼装、后浇边缘构件混凝土等施工工序，使之形成整体结构，从而提高建筑的抗震性能。

对于装配剪力墙结构预制墙板竖向钢筋的连接，目前普遍采用的是套筒灌浆连接或浆锚搭接连接。然而，上海建工创新采用螺栓连接，将连接处螺栓居中单排放置，此举相比浆锚套筒连接质量更加可靠、连接也更为方便。

此外，由于预制墙体内的水平钢筋在现浇段内锚固，最终通过后浇混凝土连接成整体，因此预制剪力墙施工使得工程现场湿作业量锐减，由此在加快施工进度的基础上还降低了施工作业对周边环境的影响。

3）预制率达到30%以上

上海建工以打造最具规模推广价值的预制装配式建筑体系为目标，在兼顾国家政策导向、产业发展水平、项目建造成本等各种因素的情况下，此次投资建设中的周康航预制装配高层建筑的6栋高层住宅全部达到了国家规定值，其中3号楼的预制率更是达到30%以上。

除与另外5栋楼一样，应用了预制维护体系，电梯厅、走道及户内阳台、厨房、卫生间区域采用预制叠合结构，楼梯段采用全预制结构之外，3号楼还全部应用了预制混凝土剪力墙体系。相较于传统的现浇剪力墙结构，预制剪力墙采用工厂制作、现场通过螺栓连接拼装、后浇边缘构件混凝土等施工工序使之形成整体结构，从而确保了建筑的抗震功能。

4）体现绿色节能环保理念

节能环保是预制装配施工与传统生产方式相比最突出的优点。由于周康航预制装配高层建筑相当一部分建筑构配件在工厂内绿色低碳预制生产，现场作业量减少，有效降低了水、电、木材等资源消耗，建筑垃圾、建筑污水、工地扬尘、施工噪声等大幅减少。

其中的3号楼更是采用了外墙热反射涂料、太阳能热水系统、提高门窗气密性等多项绿色建筑材料和工艺，展示了绿色建筑的集成技术。此外，该项目还应用了中水回收利用系统，提高了水资源的利用效率；在小区配套公建屋顶设置了屋顶花园，使项目达到了绿色建筑二星标准。

5）现场无脚手架施工

与传统的工地最明显的区别，周康航预制装配高层建筑无外模板、无外粉刷施工，取消了传统施工搭设外脚手，采用无脚手架施工方式，且规避了脚手架安全、火灾事故隐患等。为保证现场作业人员安全，施工选用了多功能安全操作围挡。安全操作围挡构造简单，用料节省，重量轻，搭拆简便。

由于施工现场湿作业量减少，工地现场非常干净，可以在绿化、道路等室外总体施工完成后再进行住宅施工，实现了真正意义上的花园式工地。

6）全产业链一体化推进

支撑周康航预制装配高层建筑的是上海建工集投资开发、科研、设计、总承包施工、构配件生产与装配工培训为一体的总承包、总集成优势。建工房产公司负责投资开发，建工工程研究总院提供技术支撑，建工设计院进行全过程设计，建工二建集团承担施工总承包，建工材料公司生产预制构件，设在建工二建集团的“上海装配式建筑装配工培训基地”负责装配工培训，经考核鉴定合格颁发人力资源和社会保障部专项能力资格证书。

在实施周康航预制装配高层建筑的过程中，自主研发和成功应用了一批科技成果和多项专利发明，创出了上海首次采用预制装配技术建造如此规模PC高层住宅街坊的新纪录，在建筑行业起到了示范引领作用。

1.5 南京建工集团

1.5.1 企业概况

南京建工集团有限公司是一家具有50多年历史的大型建筑施工企业，拥有房屋建筑工程施工总承包特级资质、市政公用工程总承包一级资质等。

技术、产品、服务等包括：建筑工程总承包，市政公用工程总承包，建筑装修装饰、钢结构、机电设备安装、地基与基础、消防设施工程专业承包；同时拥有房地产开发和经营、商品混凝土、公路工程总承包、水利水电工程施工总承包。

1.5.2 业务规模

南京建工现有装配式住宅年施工能力50万m^2，企业2017~2020年拟建装配式住宅生产服务能力50万m^2，技术、产品、服务实际应用规模一直稳步提升，已达到125亿元。

1.5.3 项目案例

南京青奥体育公园长江之舟项目

南京青奥体育公园长江之舟项目基本信息　表2-1-5

项目名称	南京青奥体育公园长江之舟项目
项目获奖情况	省级/国家级工法：大型公共建筑自排烟系统一体化施工工法； 省级工法：小轮车竞速赛道施工工法； 发明专利：自动排烟系统； 实用新型专利：基于光栅连续摄像及图像处理的应变测量设备； 住建部绿色施工科技示范工程2项（2017年3月份已完成验收会议）； 南京青奥体育公园项目市级体育中心钢结构工程荣获2014年中国钢结构金奖（国家优质工程）； 省新技术应用示范工程3项； 获国家级QC成果二等奖1项
项目建设时间	2012~2015
项目建筑面积	132770m^2
该项目结构类型	钢结构
是否为总承包模式	是
设计方名称及简介	江苏省建筑设计院
构件生产方名称及简介	南钢集团、马钢公司
施工方名称及简介	南京建工集团有限公司
内装方名称及简介	—
应用的绿色建材	NALC砌体免粉刷、高强钢筋等
该项目特点	长江之舟工程作为南京青奥体育公园标志性建筑，具有体量大、建筑新颖的特征

续表

本企业在该项目中遇到的问题及解决措施	会议中心穹顶和门厅不上人屋面钢结构深化设计、用技术、基坑施工封闭降水技术、桩基施工利用江河水进行灌注桩造浆压型钢板混凝土组合楼板、太阳能与建筑光热一体化、虹吸排水系统深化设计、BIM应用技术、基坑施工封闭降水技术、桩基施工利用江河水进行灌注桩造浆
本企业就该项目需说明的其他情况	青奥SG1标培训综合楼钢结构整体提升最大重量300多t；所有结构均为空间交叉桁架结构体系，由纵横向桁架或环向桁架和径向桁架组成，其中连接体含三个大跨度拱架。体育场长轴252.5m，短轴207.5m，罩棚最大标高35.5m。屋盖桁架长166m，宽165.6m，屋盖顶标高43.3m

1.6 中国建筑第八工程局有限公司

1.6.1 企业概况

中国建筑第八工程局有限公司（以下简称中建八局）总部现位于上海市。

中建八局是国家住房城乡建设部颁发的房屋建筑工程施工总承包特级资质企业，主要经营业务包括房建总承包、基础设施、工业安装、投资开发和工程设计等，下设20多个分支机构，经营区域国内遍及长三角、珠三角、京津环渤海湾、中部、西北、西南等区域，海外经营区域主要在非洲、中东、中亚、东南亚等地。近年来主要经济指标实现快速增长，综合实力位居国内同级次建筑企业前列，是国内最具竞争力和成长性的建筑企业之一。

中建八局建立了博士后科研工作站和省级技术中心，积聚了雄厚的科技优势，被评为“全国建筑业科技进步与技术创新先进企业”。截至2013年底，共获国家科技进步奖6项，省部级科技进步奖254项；拥有专利545项（发明专利57项），其中30项整体达到了国际先进或领先水平；编制国家级工法30项、省部级工法357项。

中建八局现有员工2万多人，其中拥有享受国务院特殊津贴专家、教授级高工、鲁班传人、高级职称等专家人才1700多名；英国皇家特许建造师、国际杰出项目经理、国家注册一级建造师、注册结构工程师、注册建筑师、全国优秀项目经理等高端人才1600多名。

截至2012年底，累计创鲁班奖91项、国家优质工程奖76项、詹天佑土木工程大奖10项、省部级优质工程奖1497项；有4项工程荣获新中国成立60周年“百项经典暨精品工程”；“鲁班奖”总量在同级次建筑企业中名列前茅，是“创鲁班奖工程特别荣誉企业”。

1.6.2 研究工作

中建八局和同济大学联合研发的装配整体式预应力混凝土框架结构体系，已经纳入了国家规范《装配式混凝土建筑技术标准》GB/T 51231–2016，也纳入了两本正在编制的行业标准（《预应力混凝土结构抗震规程》《预制预应力装配整体式混凝土结构技术规程》），以及上海市地方规程：《装配整体式混凝土公共建筑设计规程》DGJ 08–2154–2014。

1.6.3 建造模式

中建八局基于生产工厂化与现场工具化相结合的大工业化理念，提出基于“六化”策略的、符合中国建筑工业化国情的新型建造模式，即在施工现场实现“材料高强化、钢筋装配化、模架工具化、混凝土商品化、建造智慧化、部品模块化”的现浇结构工业化模式。通过对现场施工工艺和装备进行工业化改造，将施工现场打造成总装车间，实现我国建筑业向工业化的全面迈进。

1）材料高强化

通过试验研究结果表明：高强钢筋与普通钢筋相比具有强度高、综合性能好、节约环保、安全性高等优点。600MPa级高强钢筋，比目前广泛采用的Ⅲ级钢强度提高了45%。用600MPa级钢筋代替Ⅲ级钢筋，可以节约钢材20%~30%，使建筑钢筋用量大幅下降，在降低了劳动强度的同时，减少人工1/4，缩短钢筋工程施工工期1/4。高强钢筋的推广应用，有效降低钢铁业对我国环境的污染，每节约一吨钢材可节约1.7t铁矿石和4t水，减少碳排放0.7t标准煤，是真正实现绿色建筑、施工、节能环保、践行低碳理念的重要途径。

2）钢筋装配化

目前，钢筋仍然采用现场制作加工、手工绑扎、原位散装成型，制约了我国建筑施工行业向装配化、机械化、工业化和产业化的发展。很多发达国家已经实现成型钢筋骨架加工、配送、安装的全产业链整合，钢筋骨架现场整体装配已经达到很高的应用水平。装配式钢筋可作为建筑工业化的有效补充，新加坡钢筋市场，成型钢筋加工占比达到一半左右。

成型钢筋骨架装配技术是一种高效、大幅改善工人现场作业条件的施工技术。可实现数字化控制加工，机械化绑扎或者焊接成型骨架和现场钢筋整体装配，替代传统施工操作模式，全面实现钢筋工程的工业化生产、装配化施工。

3）模架工具化

八局工程研究院研发了具有自主知识产权的CSCEC–8新型模架体系：墙柱采用铝框木模板，楼板采用水平托架与普通模板，独立支撑架体。这一体系经济高效，成型质量达到免抹灰水平，已经在60多个项目中应用，取得了良好的应用效果。

4）建造智慧化

信息化技术的快速发展正带来建筑领域生产方式的全新变革，特别是BIM技术的应用，极大提升了项目精细化管理水平。2012年1月，中建八局就设立了BIM工作站。

基于revit软件的快速建模系统，实现了二维图纸的自动识别和转换三维BIM模型；BIM算量系统实现了钢筋模型的自动生成和创建；族库管理系统积累形成了施工工艺库；项目BIM协同管理工作平台，集成土建、钢结构、机电、装饰装修等全专业数据模型，进行三维可视化设计、技术交底、碰撞检测、施工预拼装模拟、可视化展示等应用，实现从项目策划、实施、竣工到运营维护的全过程4D工期管理；利用信息化互联技术，实现工厂加工与现场安装无缝对接；利用互联网和物联网技术，可实现建造全过程管理；BIM+三维激光扫描仪施工质量检查。

5）部品模块化

机电、装饰装修部品（设备、集成厨卫等）的模块化施工技术优势明显，体现为：工序少，流程短，施工快，管理高效；机械化加工，高效率、高精度、高质量；节约材料，降低造价；减少垃圾，绿色环保。

6）混凝土商品化

在混凝土超高超低泵送技术、超大超厚底板混凝土施工技术、超长无缝混凝土施工技术、大型混凝土溜管施工技术、清水混凝土施工技术等方面形成了核心竞争能力，促进了商品化混凝土在施工现场的工业化应用。

1.7 南通华新建工集团有限公司

1.7.1 企业简介

南通华新建工集团有限公司创建于1969年10月，2006年成为国家房屋建筑工程施工总承包特级资质企业，具有对外承包工程签约权，市政公用工程施工总承包一级资质、起重设备安装工程、机电设备安装工程、建筑装修装饰工程、地基与基础工程、钢结构工程专业承包一级资质，是集建筑业、房地产开发、建筑产业化、服务业于一体的综合性集团。集团现拥有11个工程公司、12个驻外分公司、24个项目管理公司以及建筑工程甲级设计院。

集团市场遍及国内外多个城市，年施工面积超1600万m^2、承建高层及超高层达1000幢。创部省优工程210项，其中“鲁班奖”10项、国家优质工程奖16项。

集团是创鲁班奖工程特别荣誉企业、中国建筑业竞争力百强企业、全国优秀施工企业、全国建筑业AAA级信用企业、全国建筑业科技进步与技术创新先进企业、中国民营500强企业、全国“守合同重信用”企业、江苏省建筑业综合实力百强企业、中国建设银行总行AAA级重点客户。

1.7.2 企业资质

1）施工总承包资质

房屋建筑工程施工总承包	特级
市政公用工程施工总承包	一级
公路工程施工总承包	二级
水利水电工程施工总承包	二级
铁路工程施工总承包	三级

2）专业承包资质

地基基础工程专业承包	一级
钢结构工程专业承包	一级
起重设备安装工程专业承包	一级
建筑装修装饰工程专业承包	一级
建筑机电安装工程专业承包	一级
消防设施工程专业承包	二级
航道工程专业承包	二级
环保工程专业承包	二级

3）建筑规划设计资质

建筑行业（建筑工程）	甲级
城乡规划	乙级

4）房地开发资质

房地产开发	一级

1.7.3 装配式建筑大事记

1）南大 · 华新 · 科达装配式建筑技术和关键材料研发中心签约

2017年8月，南大 · 华新 · 科达装配式建筑技术和关键材料研发中心签约仪式在科达建材举行。南通华新建工集团有限公司董事长陶宝华、南京大学海安高新技术研究院院长陆洪彬、南通科达建材股份有限公司总经理朱赋现场签约。

联合研发中心将陆续启动装配式建筑用饰面软瓷材料、构件用磁盒和特种混凝土等课题研究，研究工作由南京大学和企业共同组织技术力量专题攻关，并引入股权激励提高科技人员的积极性，通过产学研紧密结合提升企业自主创新能力，实现科技成果精准对接和转化。

南通华新建工集团董事局主席陶昌银表示，将与南大高新技术研究院开展全方位的合作，加大装配式新产品、新材料的研发力度，整合高校的技术优势和企业的发展优势，推动华新建工、科达建材装配式建筑的创新力度，实现与南京大学的互惠互利、合作共赢。

2）集团五公司科创中心项目以BIM测量放样机器人助力装配式施工

2018年4月，集团第五工程公司承建的科创中心工程为大型公建项目，总建筑面积126380㎡，装配率达50%。工程工期紧、单体杂、测点多、装配式测量放样精度要求高。为了解决这一系列难题，4月19日上午，第五工程公司特邀Trimble（天宝）公司技术人员携BIM放线机器人到项目部进行试点，将BIM放线机器人引入项目一线，助力装配式施工。

针对工程测量放线的特点，首先将准确的CAD平面图纸及BIM模型数据导入BIM放线机器人中，直接在模型中进行三维数据的可视化放样，设站完毕后，仪器自动跟踪棱镜，无需人工照准对焦，快速高效的完成放样作业，最终输出多种形式的测量报告，实时协同工作，精准度误差小于2mm，实现了设计模型与现场施工无缝连接。

1.8 浙江恒誉建设有限公司

1.8.1 企业简介

恒誉集团于2004年在浙江省杭州市注册成立，以房屋建设、房地产开发为主导，产业链涉及劳务、实业等产业的发展格局，注册资金11180万元。现有浙江恒誉建设有限公司、杭州恒誉劳务有限公司、浙江恒誉实业有限公司、杭州恒投实业有限公司四家下属公司，年产值15亿元以上。

公司现拥有国家房屋建筑工程施工总承包一级资质，同时拥有市政公用工程、地基与基础工程、机电设备安装工程、起重设备安装工程、建筑装饰装修工程等多项专业承包资质。公司各类专业职称的工程技术、经济管理人员550余人，其中中级以上职称的工程技术、经济管理人员250人，拥有注册建造师及项目经理50余人，现有职工2000余人。同时还拥有十多支作风顽强、技术全面、经验丰富、善打硬仗的各种专业施工队伍，培养和造就了一批管理人才和工程技术人员。

1.8.2 项目案例

2017年9月，公司承建的拱墅区首个装配式混凝土结构的建筑工业化项目，桃源单元R22-06地块36班中学工程，全面进入了吊装施工阶段。本工程总建筑面积为39855m^2，采用EPC总承包模式、应用BIM技术，主体采用预制装配式混凝土构件，装配比例为20.65%。结构体系采用钢筋混凝土框架结构、工业化装配式结构。

1.9 上海建工汇福置业发展有限公司

1.9.1 企业简介

上海建工汇福置业发展有限公司于2009年在上海市浦东区注册成立，经营范围包括房地产开发经营，自有房屋租赁，商务信息咨询等。

1.9.2 项目案例

周康航大型居住社区 · 建工汇福 · 泰和里（C-04-01地块）是上海建工集团住宅产业化应用的重要示范基地，已于2016年被上海市建设协会授予上海市装配式建筑示范项目称号。同时该项目也是2016年上海市科技进步一等奖《高层住宅装配整体式混凝土结构工程关键技术及应用》项目的主要应用工程。

泰和里所在的周康航大型居住社区位于浦东周浦镇，是上海市六大保障性住宅基地之一，占地面积2.36km^2，规划建筑面积超过150万m^2，总户数约18500户，预计导入人口超过5.5万人。

泰和里项目占地面积为24501m^2，共建有高层住宅6栋，总建筑面积近60000m^2。先后作为三大课题的主要示范工程，成功应用了集团独立研发的多项装配式建筑先进技术，成为建工集团住宅产业化应用的重要示范基地。

1.10 宏润建设集团股份有限公司

1.10.1 企业简介

宏润建设集团股份有限公司为国家高新技术企业，成立于1994年，为深圳证券交易所上市公司（股票代码：002062）。主营市政路桥、轨道交通、地下空间（地下综合管廊）、房屋建筑、生态环保等工程施工，房地产开发，基础设施项目投资建设，太阳能产业投资。

公司拥有市政公用工程施工总承包特级、建筑工程施工总承包特级和工程设计市政行业甲级、建筑行业甲级资质，可以承接市政公用、房屋建筑、公路、铁路、港口与航道、水利水电等各类别工程的施工总承包、工程总承包和项目管理业务，以及公路工程施工总承包、机电工程施工总承包、建筑装修装饰工程专业承包、地基基础工程专业承包等一级资质，城市轨道交通工程专业承包资质。

公司于1995年开始参与上海轨道交通建设，具有行业核心竞争力，已承建上海、杭州、苏州、南京、武汉、大连、天津、西安、青岛、宁波、广州、南昌、太原、郑州、合肥、金华、石家庄、深圳等18个城市的轨道交通项目，具备地上、地面、地下全面的建筑工程施工能力。通过《质量管理体系》ISO9001:2008认证、《环境管理体系》ISO14001:2004认证和《职业健康安全管理体系》GB/T28001-2001认证。

公司拥有标准、专利等自主知识产权和专有技术，面向行业特定需求提供高技术服务。一直重视科技投入、创新发展，建立了符合行业特点和市场需求的人才激励与约束机制，形成以领先技术为龙头、先进装备为基础，各类科技术人员为保障的科技管理体系。

公司拥有省级企业技术中心，持续研发了行业领先和独创的先进技术。已拥有发明专利授权11项，实用新型专利授权109项，计算机软件著作权9项。主编国家行业标准2项，参编国家、地方及行业标准4项。已获国家级工法7项，省市级工法41项。《地下工程穿越高速铁路的精细化控制技术及应用研究》获国家技术发明二等奖，杭州地铁、宁波地铁盾构关键技术和上海青草沙供水关键技术分别获浙江省、宁波市和上海市科学技术一等奖。

1.10.2 技术中心

宏润建设集团股份有限公司技术中心成立于2007年1月。技术中心现有职工 56人，其中本科以上学历占78.6%，高级职称工程技术人员占46.4%。技术中心组织机构包括中心行政部、施工技术研发部、试验中心、设计院技术部。科学技术委员会作为技术中心的咨询机构，由公司内部资深专家及部分外聘资深专家组成。

1.10.3 技术专利

1）装配式储浆池及其构件（图2-1-1）

2）实用新型专利证书——顶推用装配式箱型垫梁（图2-1-2）

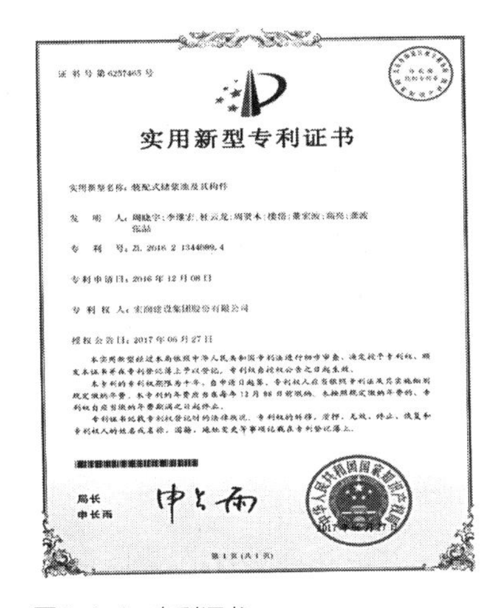
实用新型专利证书

专利申请日：2016年12月08日

授权公告日：2017年06月27日

局长
申长雨

图2-1-1 专利证书

实用新型专利证书

局长
申长雨

图2-1-2 专利证书

1.11 河南省第二建设集团有限公司

1.11.1 企业简介

河南省第二建设集团有限公司创立于1954年，是一家集建筑、安装、装饰装修、市政、房地产开发等为一体的大型现代企业。现拥有房屋建筑工程施工总承包特级资质，市政公用工程施工、机电设备安装工程施工总承包一级资质，建筑行业建筑工程、人防工程设计甲级资质，地基基础工程、钢结构工程、建筑机电安装工程、建筑装饰装修工程、高耸构筑物工程、起重设备安装工程、特种工程、环保工程专业承包一级资质，人防工程、防腐保温专业承包二级资质，建筑幕墙、装饰装修、消防设计与施工一体化一级资质，智能化设计与施工一体化二级等多项资质，具有对外承包工程及劳务合作经营权。

1997年7月以来，集团公司相继通过了国际质量、环境、职业健康安全“三位一体”管理体系认证。

集团公司注册资本金人民币303637万元，资信等级AAA级，银行授信额度30亿元人民币。现有在册员工2700余人；拥有各类主要施工机械设备6000余台（套），年产值近100

亿元人民币。

集团公司承建工程施工领域涵盖：常规能源（燃煤、燃气、核能发电）、清洁能源（生物质能、风力发电等）、输变电站、航运运煤码头港、教育、医院、房地产与住宅、工业工程（电解铝、碳素、起重、冶金、熔铸、化工等）、水泥建材、市政公用等工程项目，以及国家政府财政、企业事业（集团）、商业（集团）等单位或个人投资的（特）大、中型工程项目。

河南第二建设集团有限公司的市场业务分布在全国26个省、自治区、直辖市。并在境外的阿尔及利亚、土耳其、印度尼西亚、尼日利亚、巴基斯坦、美国等10多个国家设有办事处、分公司或子公司，开展国际工程承包和项目投资建设业务，逐步形成一个以电力工程为主体，以民用工程为基础，以专业化施工为支撑，以多元化发展和延长产业链为补充，以海外市场为突破的市场格局。

由集团公司投资兴建的工业园区，目前已成为河南省较大规模的钢结构加工与安装、钢筋成型加工、玻璃幕墙加工、新型材料生产、大宗建筑材料采购与销售、国内、外物流配送为一体的社会商业化运作综合基地。并以集团公司产业园区办公楼、守拙园小区、河南省医药转化基地高端人才楼等自建装配式建筑项目为依托，先行先试，为河南省发展装配式建筑起到了示范引领作用，被住房城乡建设部认定为首批“国家装配式建筑产业基地”。

由集团公司组建的河南二建置业公司，注册资本金5000万元，属于集团公司投资房地产产业的核心企业，截至2018年完成商业地产开发面积达25万m^2，销售形势良好。

1.11.2 研发团队

集团公司拥有院士工作站、河南省博士后研发基地、郑大研究生联合培养基地、省级企业技术中心和河南省清水混凝土工程技术研究中心；并与清华大学、同济大学、北京工业大学、郑州大学、河南大学、河南理工大学等国内10多所知名大学建立了长期稳定的课题研发合作关系，多层次、全方位地提高公司自主创新能力。并创导了“以实养研”的技术创新模式，保证科研成果的及时实施和应用。

1.11.3 装配式建筑产业化基地

集团公司于2010年投资建设了装配式建筑产业基地，总规划用地1km^2，目前一期已建成投产，占地300亩，业务涵盖钢结构制作加工、PC构件生产制造、门窗幕墙及玻璃深加工四大板块，是河南省建筑装配化综合能力最强、产品类别最全面的建筑产业现代化工业园区。集团公司以自建项目——工业园办公楼为试点，实现装配式建筑的实施落地，并顺利承接了装配式项目——河南医药高端人才楼工程。2017年，集团公司被授予“国家装配式建筑产业基地”，是住房城乡建设部对公司装配式建筑产业发展的高度肯定和认可。

1.11.4 生产能力

河南清水建设科技有限公司成立于2017年，注册资金5000万元，是河南省第二建设集团有限公司打造装配式建筑全产业链而投资的全资子公司。清水科技依托集团公司建筑施工总承包特级资质，甲级设计院、BIM中心、静美幕墙公司，产业链完整，具备装配式建筑EPC总承包能力，实力突出；公司现有以研究生为主的16人科技研发团队，自成立之日起，一直致力于研究开发多项集成技术的高附加值混凝土构件，旨在以优异的产品，助力建筑产业现代化工作的稳步推进。清水科技一期PC构件生产线已建成投产，项目占地面积3万m^2，建有柔性综合自动生产线1条、固定模台生产线2条、钢筋自动化加工生产线1条，全部采用国内领先的生产设备及信息化管理系统，技术成熟，管理先进。目前，PC工厂能够供应各种预制建筑构件和市政预制混凝土产品，满足各类预制装配式混凝土建筑建造需求，产品规格齐全，覆盖范围广泛。

2018年10月，由集团公司参股的河南中新装配式建筑科技有限公司（以下简称中新公司）在其办公区举行启动仪式。中新公司主要经营装配式建筑的设计、制造，装配式建筑新材料及部品部件的研发、设计、制造、安装施工、销售，园区规划设计建设、土地整理开发等。

1.12 广东省第一建筑工程有限公司

企业简介

广东省第一建筑工程有限公司成立于1950年，是具有建筑工程施工总承包特级资质，市政公用工程施工总承包一级资质，建筑机电安装工程、消防设施工程、地基基础工程等专业承包一级资质，建筑装饰装修工程设计与施工一级资质，并具有古建筑工程和钢结构工程专业承包二级资质以及建筑行业建筑工程、人防工程设计甲级资质。

公司设立三总师、经营部、技术部、工程管理部、人力资源部、财务部、质量安全部等职能部室，直属的单位设置全面、配套，有土建施工、机电安装、装饰装修、专业工程等分公司，同时，在国内一些地方也设立了相应的分支机构。此外，为适应公司多元化发展，还成立四家全资子公司及一家控股子公司。

公司现有在职员工600多人，各类高、中、初级专业技术人员400人，其中高级职称121人，中级职称105人。注册建造师175人，其中一级建造师54人。公司拥有满足各类施工需要的大型机械设备，成立了省级企业技术中心。公司管理体系完善，通过ISO管理体系认证，具备较好的施工管理经验和先进的施工方法和企业文化，掌握一批具有自主知识产权的施工技术，是人力、财力、物力各方面实力雄厚的综合性施工企业。

1.13 江苏天泰建设有限公司

企业简介

江苏天泰建设有限公司成立于1993年，注册资金1000万，是一家集房地产开发、销售于一体的民营企业。公司总部位于江宁区将军山脚下佛城西路和将军大道的交汇处，紧邻河海大学江宁校区。公司尊崇“踏实、拼搏、责任”的企业精神，并以诚信、共赢、开创经营理念，创造良好的企业环境，以全新的管理模式、完善的技术、周到的服务、卓越的品质为生存根本。

公司在房地产开发时坚持贯彻“适用、经济、安全、美观”的建设方针和“以人为本、建设两型社会”的指导思想，合理组织空间，提高室内空间的利用率。设计充分发挥地段优势，为自身及周围居民提供一个更开放、更自由的城市空间，塑造高品质、现代化、生态型的集商住为一体的综合建筑，使项目实现了社会效益、经济效益和环境效益的完美统一。

1.14 开发建设类企业的问题

1.14.1 企业之间发展差异较大

政府在大力推进装配式住宅，但不少企业对装配式住宅的理解和认识不到位，在推进中往往出现简单应付完成指标的现象，单纯追求装配率，不去过多考虑企业成本及节能效果等方面的因素，导致社会资源浪费较为严重，推进力度参差不齐，存在一定的企业间和地区间差距。需进一步加强企业与企业、地区与地区之间的互通和协作，促进相互学习共同提高，不断缩小发展不平衡的差距。

1.14.2 产业链相关环节不畅通

业主招标后期变更多，新材料、新技术、新工艺难以及时落实于项目建设，开发建设企业难以控制成本。

项目受限于设计思路，设计存在深化设计硬性拆分预制构件的情况，对构件生产、安装了解不够，设计经济性、合理性、施工可行性难以保障。

施工受限于市场及供货现状，预制构件供货不及时，难以满足进度要求，影响施工进度，相比传统现浇结构，施工方需要更长的前期策划时间。

项目全程参与单位多，设计、生产和施工信息沟通滞后，全产业链技术集成和协同控制程度低，难以管理，协调解决工作界面划分、责任、工期、质量等问题耗费大量人力物力。

现行项目建设管理的方式对装配式建筑的发展制约很大。涉及的设计招投标、规划、人防、消防、建筑产业化专项审批，需要与甲方、构件厂、内装企业、施工总包、质量监管等多部门配合，流程复杂，周期长，管理重点不一。

当前工程分段管理的模式对装配式建筑工程的完整性影响很大，在招投标、规划设计、施工管理、构件生产、质量验收、竣工验收等方面均存在前后互不衔接的情况，造成管理成本高，质量提升困难、责任难以界定的问题。

1.14.3 施工人员能力良莠不齐

行业内具有装配式住宅施工经验的人员数量很少，且专业能力较低。

以上海市为例，上海市现有设计、施工、监理等建筑业从业单位12000多家（含外省市进沪单位），从业专业技术人员13万人，劳务工人约50万人。上述单位和人员当中，从事过装配式建筑研究、设计、制作安装、管理的单位和人员只占小部分，远远满足不了本市建筑工业化发展的要求。

装配式住宅对现场施工人员有较高要求，不是一般民工能胜任的，必须经过培训，这与以往是不同的。由于施工方或建设方对此项工作在认识上的问题，认为装配式住宅建设这项工作是很简单的，所以不经过培训的农民工也在做这项工作，结果这些农民工实际无法满足现场施工的要求，所以出现一些地方建造一层楼需要20多天的情况，事实上目前现浇一层楼也不过需要6~7天，这对装配式住宅的推广是非常不利的，影响了装配式住宅的施工进度。

2 设计类企业

2.1 中国建筑设计研究院有限公司

2.1.1 企业概况

中国建筑设计院有限公司隶属于国资委所辖的大型骨干科技型中央企业中国建设科技集团股份有限公司。其前身是始建于1952年的中央直属设计公司，后经原建设部建筑设计院、原中国建筑技术研究院合并组建的一家国有大型建筑设计企业。主营业务涵盖建筑的前期咨询、规划、设计、工程管理、工程监理、专业工程承包、环境与节能评价等固定资产投资活动的全过程服务。具体包括建筑工程设计与咨询；建筑智能化系统工程咨询、设计与施工；城市与小城镇规划；古建、园林与景观规划；历史文化遗产保护规划与申遗；国家建筑设计标准研究；建筑与住宅产业技术研究；建筑材料及设备研发等项。基本形成了以建筑设计、城市建设规划、建筑标准、建设信息、工程咨询、室内设计、园林绿化、住宅产业化研发、BIM三维设计技术研发、建筑技术科研等于一体的集团化产业构架。

现有职工2000多人。其中包括工程院院士2人，全国工程勘察设计大师5人，国家“百千万人才工程”人选3人；经国务院批准享受政府津贴的专家59人，国家级有突出贡献中青年专家10余人；各类国家职业注册人员400余人，高级设计、研究人员近500人，专业技术人员占企业总人数90%以上。

企业涉及装配式住宅的技术、产品、服务包括：装配式建筑的设计、研究和项目管理，具体有装配式混凝土建筑、装配式钢结构建筑、装配式内装、装配式设备管线的设计和产品研发。

企业现有装配式住宅生产服务能力为200万m^2，到2020年拟建装配式住宅生产服务能力500万m^2。企业技术、产品、服务实际应用规模为：2012年20万m^2、2013年50万m^2、

2014年50万m^2、2015年100万m^2、2016年200万m^2。

中国建筑设计院装配式内装修集成技术具有三大原则：①功能设计人性化、精细化；②技术设计一体化、集成化；③内填充（室内装修与建筑管线设备）与结构分离。

中国建筑设计院装配式内装修集成具有七项技术——整体厨卫系统、快拼隔墙体系、同层排水体系、架空地板体系、干式地暖系统、干式防水系统及集成设备系统。

中国建筑设计院将装配技术与被动方技术结合，可以提高建筑质量，实现百年建筑、高质量建筑、高舒适建筑的目标，建成绿色低碳的建筑。两种技术的结合可以使消费者、社会和国家都受益。

2.1.2 装配式建筑核心技术

1）装配式住宅建筑一体化集成设计技术

按照系统理论，采用结构化的方法，提出装配式混凝土结构住宅建筑的集成化整体设计和基础技术策略；构建一体化集成设计的技术系统分布理论和空间系统分布理论；研究主体结构、围护结构、设备管线和装饰装修四个系统之间的衔接关系，研究编制具有适应不同系统的接口标准，制定统一规范，形成系统和协调的技术方案。

2）装配整体式混凝土结构住宅建筑设计与集成技术

装配式混凝土结构的设计包括技术策划、主体结构构件设计、建筑构件设计、机电专业配合、预制构件加工图设计，并兼顾施工的设计。主要包括装配式混凝土剪力墙结构和装配混凝土框架结构。从建筑的整体进行设计，各专业密切协作。

3）标准化设计技术研究

中国建筑设计院加快装配式建筑图集的编制，以充分发挥标准化引领作用，尽快破除装配式建筑发展瓶颈问题。一是开展国内外装配式建筑标准规范体系的研究；二是加快编制装配式建筑领域标准规范；三是形成装配式建筑国家建筑标准设计体系，包括设计指导类、施工指导类、构件及构造类；四是加强模数化关键技术研究；五是推广装配式建筑国家建筑标准设计。

4）装配式室内装修集成技术（SI内装体系）

重点研发了住宅内装部品化集成技术、SI住宅内装分离与管线集成技术、隔墙体系集成技术、干式地节能集成技术、整体厨房与整体卫浴集成技术、新风换气集成技术、架空地板系统与隔声集成技术、不降板的同层排水技术等核心技术。采用精细化设计和模块化产品的集成，实现在室内装修方面达到快速、环保、高质、高效、易维护的室内环境。

2.1.3 项目案例

1）项目名称：郭公庄一期公共租赁住房

2）获奖情况：北京市2013年建筑信息模型（BIM）设计优秀奖

3）建设时间：2013年

4）建筑面积：地上13万m^2，总建筑面积21万m^2；

5）结构类型：装配整体式混凝土剪力墙结构

6）是否总承包模式：否

7）设计方名称及简介：中国建筑设计院有限公司

8）构件生产方名称及简介：北京燕通构件有限公司

北京市燕通建筑构件有限公司是由北京市政路桥集团（股份）有限公司和北京市保障性住房建设投资中心两大国有企业，为加速推进北京市保障性住宅建设、践行住宅产业化理念于2013年8月合资组建的国有控股公司。公司在北京市昌平区南口镇北京市政工业基地园区内，作为“北京市装配式住宅科技产业基地”。主要业务包括：装配式建筑构件深化设计、装配式建筑新技术研发、建筑构件生产制造、装配式建筑施工技术咨询服务等四个方面。主要产品为：结构装饰保温一体化外墙板（又称：复合保温外墙板、三明治板）、内墙板、叠合楼板、阳台板、空调板、楼梯、梁、柱等。

9）施工方：北京城建建设工程有限公司

10）内装方：北京和能人居科技有限公司

北京和能人居科技有限公司是中国首家从事装配式装修的科技型企业，装配式装修全屋系统解决方案的服务商。和能人居科技作为装配式装修的标准制定者和领跑者，2014年与北京市保障房建设投资中心合作完成了我国装配式装修的首部企业标准《装配式装修工程技术规程》；2015年立项主编北京市装配式装修地方标准《北京市室内装配式装修工程技术规范》；2016年参编了三部国家标准即《装配式混凝土建筑技术标准》GB/T 51231-2016、《装配式钢结构建筑技术标准》GB/T 51232-2016、《装配式建筑评价标准》GB/T 51129-2017。

公司创始人团队自2005年立项研究装配式装修系统解决方案，已获10项发明专利8项实用新型专利。拥有自有品牌“圣马克”，形成了装配式装修八大系统——“圣马克全屋集成部品体系”，在北京交付30690套装配式装修住房。

公司现已在美国新泽西成立海外咨询中心，天津滨海新区（天津达因建材）建立研发制造中心，上海名企公馆建立市场推广中心，北京建立工程服务中心和产业集成平台。2016年公司荣获北京市保障房中心“特殊贡献奖”，第十五届住博会和能人居科技“2016明日之家装配式装修样板房”获得住房城乡建设部领导高度认可，并与住房城乡建设部住宅产业化促进中心签订战略合作协议。

应用的绿色建材：预制混凝土构件包括三明治外墙板、预制叠合楼板、预制空调板、预制楼梯板、预制阳板。内装饰面一体化涂装板、架空采暖集成地板、集成墙面、集成吊顶、集成机电。

11）该项目特点：

郭公庄一期公租房项目是北京市保障性住房建设投资中心投资建设的大型公租房项目，位于丰台区郭公庄地铁车辆段北侧，用地面积5.8786公顷，容积率2.50，限高60m，包括公租房3002套和配套公建，是目前北京地区在施的最大的全装配式公租房住宅项目，所有的20栋住宅均按装配式的建造方式进行设计，主体结构采用装配式整体式混凝土剪力墙结构，内部装修采用装配式室内装修。

本项目按照“开放街区、围合空间、混合功能”的思想进行规划设计，以加强社区与城市的关系，增强社区的活力。

户型进行精细化设计，以提高标准层的使用率，标准层平面的公摊不超过25%；提升户内空间的利用效率，通过空间的三维设计，充分利用“边角料”，设计成储藏空间。设计预留弹性，可以适应不同家庭居住的需要，并着眼于未来的改造可能。

建筑立面高低错落，形成丰富的街道天际线；采用标准化的构件，通过位置排列组合，形成类似传统的中式博古架的意象，在现代的形式中透着传统的韵味。并在细部处理上，对窗台板、立面分格、空调机位等进行精细化设计，使建筑既精致美观，同时也提高了建筑的耐久性。

在产业化设计方面，首先进行标准化设计。户型设计采用了模块化的思路，减少非标设计，控制户型的种类，在定型的5个户型中，A1（40m^2）户型占总户数的70%；厨房和卫生间的设计标准化，厨房和卫生间的标准模块占到总户数中90%。公共管井采用标准化布置方式，所有户型管道井均设在户外，检修门设在走廊，避免进户检修抄表对住户的干扰。

主体结构采用装配整体式剪力墙结构。预制构件的部位包括外墙、楼板、楼梯、阳台和空调板，采用预制混凝土构件，预制率大约35%～40%。其中，外墙采用三明治复合墙体，由外叶墙（50mm厚）、保温层（70mm厚）和内叶墙（200mm厚）组成；楼板、阳台板和空调板均采用叠合楼板方式；楼梯采用了预制混凝土楼梯段。

在方案阶段，建筑、结构专业工程师密切配合、共同完成构件的策划和设计。优化预制结构构件的种类和数量，确定合理的预制率和预制构件范围，一般重复利用率低的构件应调整或采用现浇。按照“少规格、多组合”的原则进行预制构件的设计，有效地控制产业化建造的成本。

按照土建装修一体化的原则进行设计，采用了装配式室内装修，设计之初即按照结构与内装分离的原则进行设计，地面采用垫空地板，家具、橱柜的后背设计了管线夹层，对设备末端点进行综合设计。精细化设计与内装修和部品结合，有力地提高了住宅的质量。

采用BIM设计，在建筑施工图设计和构件加工设计进行了BIM设计。

2.2 中国建筑设计标准研究院

2.2.1 企业概况

中国建筑标准设计研究院（以下简称“标准院”），创建于1956年，前身为建设部直属事业单位——建筑标准设计研究所，2000年转制为中央科技型企业，现隶属中国建设科技集团。

经过60余年的发展，标准院已成为中国城乡建设领域业务广泛、实力较强的综合型科研、设计与技术服务企业之一，集建筑标准与标准设计、建筑工程设计、工程总承包、技术咨询和产品制造安装等多元业务于一体，是国家级高新技术企业，在建筑行业享有很高声誉，在全国具有重要影响。

标准院是我国全面装配式建筑理念的率先倡导者和践行者，由院总建筑师刘东卫博士领衔的专家团队，先后承担相关国家级、省部级科研课题17项，主编装配式建筑领域标准规范12项，并组织编制了装配式建筑系列国家建筑标准设计图集。

在装配式住宅领域，标准院拥有较为显著的技术领先优势，确立了行业领军企业的权威地位。

2016年，标准院主持设计北京实创永丰产业基地青棠湾公租房项目，采用最新的装配式内装技术精心打造，引发主管部门和行业广泛关注。

2016年，为大力推进装配式内装总承包业务，标准院重组北京国标建筑科技有限责任公司，抽调精英骨干力量，主攻装配式内装总承包市场，打造企业全新的业绩增长点。

2.2.2 装配式住宅相关工作

1）企业理念

（1）建筑产业化支撑技术：

①标准化设计，为工业化建造打下基础；

②部品工厂化生产，提高效率，保证精度及品质；

③现场装配化施工，内装修全干式工法，缩短周期保证质量；

④BIM高科技管理手段，优化资源配置。

（2）建筑长寿化支撑技术：

①SI填充体与支撑体分离，支撑体百年耐久，填充体可更换；

②设备管线及维修不损坏结构主体；

③大空间的结构体系，户型灵活。

（3）品质优良化支撑技术：

①部品在工厂里生产，保证了品质，同时提高了住户的居住舒适度；

②智能家居系统，为生活提供便利和安全；

③公共与套内空间的适老化体系，为特定人群提供关怀；

④完善的分离和检修体系，为后期的使用和维护提供方便。

（4）绿色低碳化支撑技术：

①建筑长寿命可持续理念，高效节约资源；

②主体与内装一体化设计与改造，避免装修二次浪费；

③工业化的生产与建造方式，节省人工，节材节能，降低环境污染；

④能源与环境质量检测系统，助力节能环保。

2）企业技术支撑

内装工业化的技术支撑包括整体卫浴系统、整体收纳系统、整体厨房系统。

内装可变性的技术支撑包括轻质隔墙系统，双层棚面系统、双层墙面系统、双层地面系统、管线设备集成。

主体耐久性体的技术支撑包括百年主体结构和长寿维护结构。

3）行业话语权

由住房城乡建设部负责管理，中国建筑标准设计研究院牵头编制了《装配式混凝土建筑技术标准》GB/T 51231-2016和《装配式钢结构建筑技术标准》GB/T 51232-2016两本标准。

2.3 上海中森建筑与工程设计顾问有限公司

2.3.1 企业概况

上海中森建筑与工程设计顾问有限公司成立于2005年，是中国建设科技集团股份有限公司所属一级子企业，国家建筑工程甲级设计资质单位，全国第一批“国家装配式建筑产业基地”，中国建筑学会“科普教育基地”。

上海中森主要从事住宅、商业、公共建筑等各类型的民用建筑设计，业务主要包括城市规划、建筑设计、室内设计和景观设计等，已在大型居住区、新型超大城市综合体、商业地产等设计领域具备竞争优势，并在装配式工程EPC、室内设计施工一体化、社区海绵等领域形成竞争力。作为全国装配式建筑领域的引领者和践行者，在百年住宅、健康养老等住宅设计方面，已具备标准产品研发、户型创新、装配式技术集成应用、规范规程编制等能力，并形成了较强的项目设计全程总包管理能力；在商业地产设计及大型公共建筑设计方面，已经陆续完成了一批星级酒店、超大型城市综合体、大型会展、剧场、体育场馆等项目。

上海中森是全国第一家将装配式技术大规模应用到商品住宅项目中的设计企业，至今已在上海、江苏、浙江等地完成装配式公建与住宅项目90余个，装配式设计工程量近1000万m^2，现已成为中国装配式建筑工业化领域的引领者，工程案例已实现全预制率、全装配体系覆盖，是国内极少数具备装配式自主深化能力并完全实行三维协同设计的公司，装配式工程实践经验与技术能力位居行业领先地位。装配式项目涉及预制混凝土住宅、公建、钢结构、木结构等全部类型及各种预制率分布。上海中森现有装配式住宅生产服务能力250万m^2，到2020年拟建装配式住宅生产服务能力1000万m^2。企业技术、产品、服务实际应用规模为：2013年486万m^2，2014年469万m^2，2015年412万m^2，2016年402万m^2。

上海中森是全国第一批“国家装配式建筑产业基地”，是高新技术企业，获得上海市文创基金的支持。

上海中森拥有专业齐全的从事装配式设计、研发、工程管理等各类技术人员，具备市场领先的技术沉淀及先发优势，从源头上控制项目成本、工期、质量，实现装配式项目实施“全过程、全覆盖”。2016年成立了“装配式工程研究院”，对以上优势进一步集中和加强。

2.3.2 科研成果

为了响应国家大力发展装配式建筑的号召，上海中森经过多年的工程设计实践积累，具备了百年住宅、预制装配式建筑、工业化精装住宅、科技智能住宅等建筑工业化集成技术设计及应用能力，并且主编了《上海市装配式混凝土建筑工程设计文件编制深度规定》，组织了装配式建筑后评估体系研究，开展了建筑工业化专项技术培训，研发了新型一体化外墙集成产品。

2.3.3 产业基地

2016年9月，上海中森作为我国和上海市在装配式建筑领域的引领者和践行者，通过了国家住房城乡建设部组织的专家评审，获授首批“国家装配式建筑产业化基地”。已完成装配式项目近50多个，工程量约600万m^2，工程案例已实行全预制率、全装配体系覆盖，是国内极少数具备装配式自主深化能力并完全实行三维协同设计的设计公司。

2.3.4 项目案例

项目名称：金茂雅苑（东区）项目

项目获奖情况：住房城乡建设部2016年装配式建筑科技示范项目

项目建设时间：2014.7~2016.6

项目建筑面积：196710.83m^2

项目结构类型：混凝土结构

项目为总承包模式

设计方：上海中森建筑与工程设计顾问有限公司

构建生产方：上海君道住宅工业有限公司

施工方：中建三局第一建设工程有限责任公司

项目特点：

（1）该项目部分底部加强及约束边缘构件采用预制，预制构件主要由预制外墙板、预制阳台、预制梁及预制楼梯组成。

（2）荷载取值等同现浇结构；抗震设计时，对同一层内既有现浇墙肢也有预制墙肢的装配式剪力墙结构，现浇墙肢水平地震作用弯矩、剪力宜乘以不小于1.1的增大系数。

（3）采用复合式的土壤源热泵集中空调系统、集中新风系统设置排风热回收装置和建筑外遮阳技术。

（4）采用大量绿色节能技术，实现绿色建筑与装配式建筑的有机结合。

（5）有效控制预制构件的单体重量，方便吊装和运输，节约成本，方便施工，效益明显。

2.4 华阳国际设计集团

2.4.1 企业概况

华阳国际设计集团成立于2000年11月，设有深圳、广州、上海、长沙、重庆、香港六家公司及建筑产业化公司、BIM技术应用研究院、造价咨询公司。华阳国际是全国首个设计类企业“国家住宅产业化基地”“深圳市住宅产业化示范基地”及“深圳市BIM工程实验室”。

华阳国际设计集团建筑产业化公司（简称“华阳国际”）成立于2014年，前身是华阳国际设计集团新建筑事业部，是全国首家从事装配式建筑设计研究的专业机构，提供涵盖工业化建筑设计、生产与施工技术咨询、定制产品研发、项目运维与成本控制咨询、政策标准及课题研究在内的全产业化链技术咨询服务，以集成“工业化+绿色+BIM”技术为研发特色，为不同的建筑产品提供装配式系统解决方案。作为中国首家获颁“国家住宅产业化基地”设计企业，华阳国际目前共参与编制国家、省市级工业化标准30余项，研发政府课题10余项，获得30余项发明专利及软件著作权，设计工业化项目超40个，总建筑面积约400万m^2。

2.4.2 装配式建筑核心能力

1）集成研发理念

公司整合工业化技术、绿色技术、BM技术三大优势资源，启动“工业化+绿色+BIM”的集成研发。目前已针对不同项目类型及装配式建筑技术应用特点，形成了装配整体式混凝土结构、木结构和钢结构三大应用技术体系。

2）标准化研究成果

近十年来承担了国内多家房地产企业（万科、金地、深业、中信、红星美凯龙等）一系列的建筑标准化研究，积累了深厚的标准化设计基础，为装配式建筑的设计与实施提供技术支撑。

3）工业化项目设计经验

公司承接各类装配式建筑设计项目50余项，建成项目50余项，装配式建筑项目总建筑面积超过500余万m^2，遍布华南、华北、华东、西南、西北等地区，并为近10个城市研发设计了当地首个工业化实践项目。

4）参与国家和地方标准制定

公司拥有领先的工业化研究与设计团队，并积极参与行业标准的制定，先后参与编制装配式建筑领域国家级标准11项，省市级地方标准18项。

5）全产业链优势资源和整合能力

公司与装配式建筑领域众多专家保持紧密联系，并与产业链的上下游企业进行广泛合作，通过共同开展课题研究和参与试点工程，累积了一批覆盖全产业链的优势资源及有效整合经验。

6）形成一套保障性住房系统解决方案

公司在保障性住房领域有着长久且丰富的设计研究经验，承接了10余项重大保障性住房项目的设计工作，形成了一套系统针对保障性住房的专项解决方案；并主导研究深圳市《保障性住房标准化系列化设计研究》等课题，为政府部门的政策、标准制定提供依据和支持。

7）成本控制能力

公司在设计并建成的十余个工业化项目中，累积了丰富的全过程设计（方案至构件图）经验及全过程造价咨询（估算至结算）经验，为客户提供符合用户产品需求的、有效的成本控制解决方案。

2.4.3 工程项目实践情况

近年来，华阳国际完成了深圳万科第五园第五寓、深圳龙悦居三期、万科云城等各类装配式建筑设计项目超50余项，装配式建筑项目总建筑面积超过500余万m^2。项目类型覆盖了装配式剪力墙结构体系、装配式框架结构体系、内浇外挂体系、预制预应力结构体系和钢结构体系等各种结构体系。

万科第五寓作为华南地区首个应用"内外挂体系"的工业化住宅项目及工业化住宅项目投入市场的第一案例，万科第五寓的工业化预制程度达到50%，首次实现了建筑设计、内装设计、部品设计的全流程一体化控制。项目的成功实施，是华阳在工业化设计领域的一次全面实践，也是在建筑品质、建造周期、节能环保等方面效果的全面印证。从设计至今，项目所涉及的工业化设计难度系数和技术含量仍在行业前列。

2.5 设计类企业的问题

2.5.1 设计相关标准不完善制约行业整体发展

现有的标准化水平已无法满足市场的需求，标准少，不明确，可操作性差。建筑行业的部分企业开始自主研发并应用标准体系。然而行业重视国家标准、行业标准和地方标准，这些企业标准体系虽然对提高建筑质量起到了一定作用，但由于缺乏行业统一的标准和目标，各自关注其自身的利益点，缺乏交流与整合，难以推广。

2.5.2 设计难度大与设计费低矛盾突出

装配式住宅设计总体要求较高，设计师工作量和工作时间成倍增加，但装配式建筑设计的费用无针对性标准，重要性得不到体现。

2.5.3 装配式建筑设计和研究人才匮乏

装配式建筑设计和研究涉及细分专业广、产业链环节多，需要复合型专业技术人才，且能够与设计和研究的上下游各方有效沟通与写作，但是当前此类人才十分匮乏。

3 构件类企业

3.1 远大住宅工业有限公司

3.1.1 企业简介

长沙远大住宅工业有限公司（以下简称远大住工）是我国第一家以“住宅工业”行业类别核准成立的新型工业企业。公司已在全国拥有11家世界一流的绿色建筑研发制造基地，分布于长沙、北京、上海、天津、南京、杭州、沈阳、合肥、广东、四川、陕西等各省市，产能5000万m^2。

公司于1996年起步探索住宅部品产业化，历经18年发展，在充分吸纳美国、日本、德国、新加坡等国家先进理念与技术的基础上，公司建立健全了自主建筑工业化研发体系、制造体系、施工体系、材料体系与产品体系，技术专利达100余项，PC（预制混凝土构件）生产制造和BIM设计建造技术领先世界，生产设备、工装模具、生产理念、生产工艺和产品质量均已达到国际领先水准，年产能达1000万m^2，建筑工业化率达85%以上。

目前，公司已应用工业化集成技术成功制造出超过500万m^2的绿色建筑，成功开发建设了多层洋房、高层酒店、度假别墅、商业办公楼等各类型绿色集成建筑，与包括多地政府和设计单位、建筑商、开发商等在内的各界机构携手合作，凭借公司的现代制造技术的建筑品质、精确高效的建筑施工、大规模工业化的成本竞争优势和节能环保优势。

远大住工住宅产业化历程如下：

1999年，引进日本钢结构体系，建成我国第一代钢结构工业化集成建筑实验楼；2002年，引进德国树脂混凝土模块装配体系，形成第二代工业化集成建筑体系；2005年，投资3亿元，第三代集成建筑体系进入市场化实施，工业化率达到60%；2007年，住房城乡建设部“国家住宅产业化基地”授牌；第四代集成建筑体系进行市场化实施，工业化率65%；2008年，工业化率达到85%以上、具备自有知识产权和国际先进水平的第五代集成建筑体系确立。

先进的第五代集成建筑体系，运用当今世界最前沿的PC（预制混凝土构件）、应用开放的BIM技术平台，建立健全并丰富和发展了工业化研发体系、设计体系、制造体系、施工体系、材料体系与产品体系，具有质量可控、成本可控、进度可控等多项技术优势。

远大第五代集成建筑（BH5），是远大住工历经十余年探索，充分吸纳美国、日本、新加坡等国家先进理念与技术，在第一、二、三、四代集成建筑基础上，推出的集多项专利与核心技术为一体的最新产品，匹配中国建筑的未来发展方向。

远大住工对于产品做到三大可控：

（1）质量可控：解决防水抗渗、隔热保温、提升精度三大质量难题。

（2）成本可控：从设计阶段开始提供完整的技术服务支持，准确透明的主体施工、装修施工等预算造价为决策提供可靠参考；远大集成建筑施工周期约为传统方式的1/3，7~8人可建起一栋楼，建筑综合成本明显可控。

（3）进度可控：PC吊装加现浇部分，高层建筑约6天一层（包括隔墙），多层建筑约2天一层，受天气的影响更小。

远大住工是国内第一家经核准成立的新型住宅制造工业企业，专营工业化住宅技术研发集成、住宅部品制造营销和工业化住宅项目投资开发，是目前国内唯一一家集房地产开发、住宅部品及建材生产、住宅建造“三位一体”的住宅产业化企业。2007年11月，该公司被建设部评为“国家住宅产业化基地”。

从1996年开始，该公司围绕发展住宅工业、搭建住宅工业产业集群等问题，逐渐探索出一条住宅生产工业化发展路子。先后于1999年和2001年成功建造了国内第一栋完全工业化HPC体系集成住宅和国内第一栋完全工业化树脂混凝土模块结构集成住宅。近年来，该公司在推进住宅工业化生产的过程中得到了长沙市政府的大力支持，2007年长沙市成立了由副市长牵头，市发改、规划、国土、建设、房产、环保等近20个部门负责人参加的住宅工业化协调领导小组，并提出了加快产业化示范项目建设、推进住宅产业化进程、创建住宅产业化示范城市的思路。在长沙市政府支持下，远大住工分别在“荷园”“麓园”“桂园”

三个开发项目开始第三代至第五代产业化住宅建设试验。经过十余年的探索实践，该公司总结出“不能为工业化而工业化”经验教训，即立足国情逐步实现住宅工业化。依据这一经验，远大住工提出了最新一代即第五代工业化住宅建设标准，即建造过程工业化程度超过85%，住宅部品成品化率达到95%，干法作业率达到85%；环保复合材料、复合隔墙使用率100%，对木材的消耗不到1‰；室内空间整体实现断桥式全面内保温，建筑综合节能超过75%；实现住宅内部100%精装修等。远大住工在充分吸纳美国、日本、德国、新加坡等国家先进理念与技术的基础上，结合中国市场实际情况，建立了完善的建筑工业化研发体系、制造体系、施工体系、材料体系与产品体系。通过17年的发展，基本走完了初期试错、纠错、学习借鉴的艰难过程，当前已走上了自主创新、自主研发的轨道，现在的目标是巩固工业化制造优势的同时，快步实现信息化、数字化，为工业化发展提供最强大的技术引擎。2013年，远大住工的PC生产制造技术已处于世界领先水平，年产能达1000万平方米，建筑工业化率达85%以上。2014年，远大住宅工业有限公司（以下简称远大住工）与北京市顺义区就“数字化工厂用地以及实施项目”正式签约。该项目是远大住工最新一代的样板工厂以及大数据中心、研发中心，也是北京首个完全以建筑工业化方式进行建造的公租房示范项目，该样板工厂将于2014年正式投产运营。2014年，远大住工成套住宅的出口南美，不仅标志着“中国制造”的工业化绿色建筑以自主品牌跻身国际市场，也丰富了我国对外贸易的门类和品种，有助于我国传统建筑业、部品部件业不断创新发展，与全球经济开展竞争和互动。

3.1.2 企业现状

1）产品体系

（1）DISCOVERY

DISCOVERY是远大住工所提出的绿色建筑整体解决方案。本着“五节一环保”的原

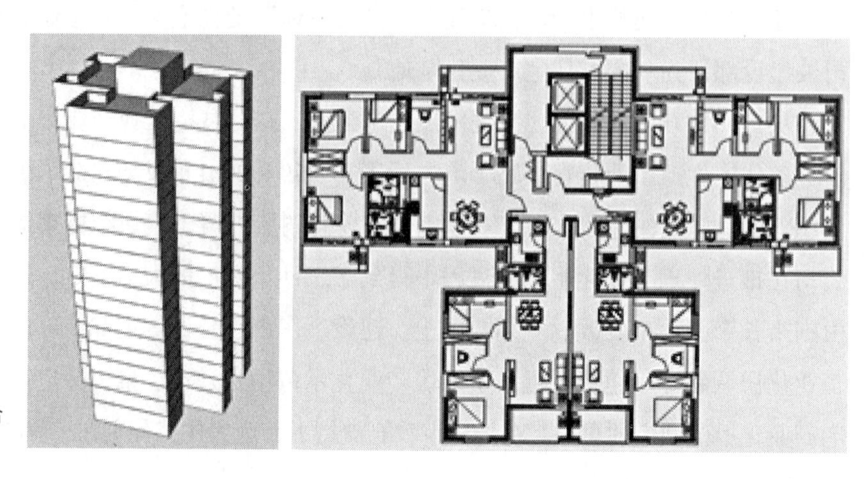

图2-3-1
两梯四户板塔结合住宅组件

则，应用全球最先进的工业化集成技术，以高精度、高效率、大规模流水线的工业集成方式，制造出人人都买得起的好房子。覆盖中国家庭80%的住宅需求。

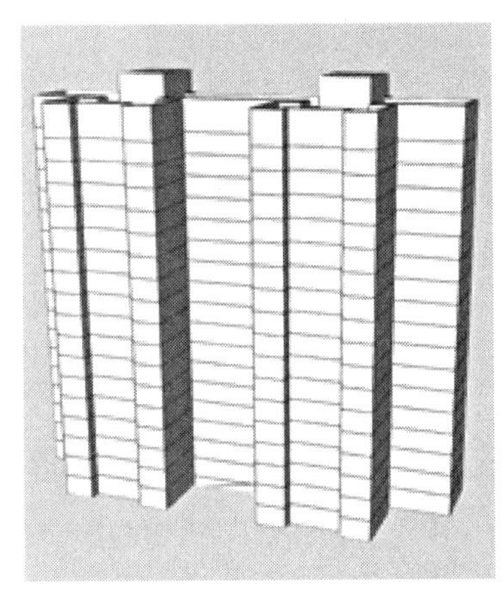
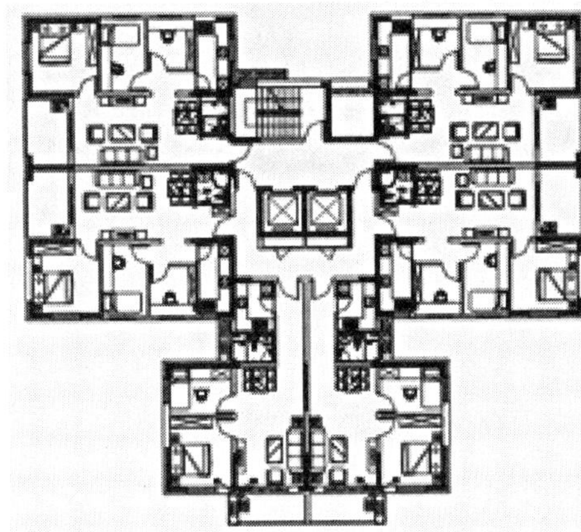

图2-3-2
两梯六户板塔结合住宅组件

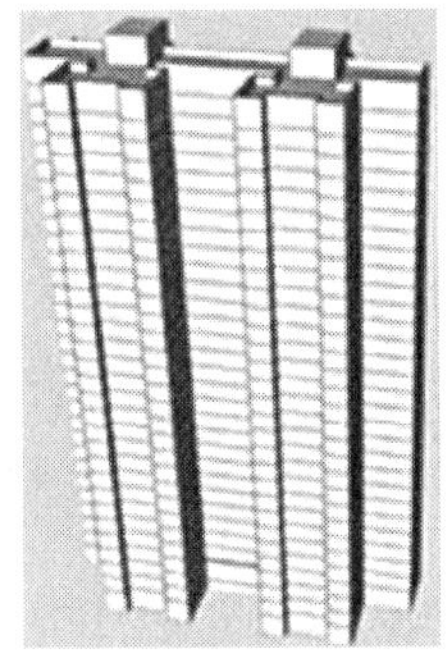
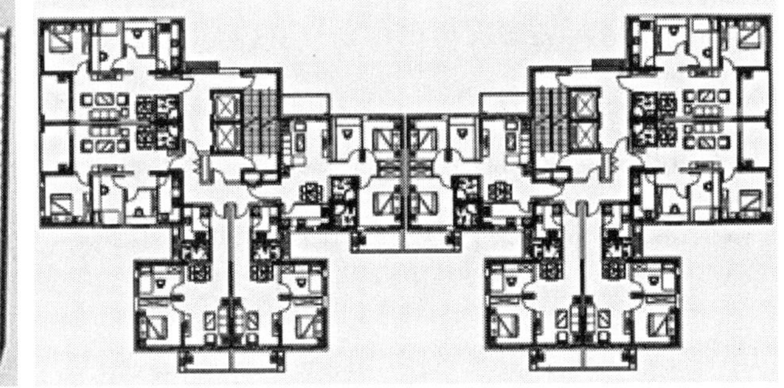

图2-3-3
四梯十户板塔结合住宅组件

（2）建筑部品

图2-3-4 外墙挂板

图2-3-5 保温墙

图2-3-6 预制板

图2-3-7 叠合梁

图2-3-8 预制楼梯

图2-3-9 叠合楼板

（3）整体卫浴

远铃，作为远大住工旗下的核心品牌，前期投资5亿元，致力于发展一体化结构的整体浴室。1997年，从国外引进内导热精密模具、大型数控压机等先进设备，一改2000年来浴室泥瓦匠砌的落后生产方式，采用新材料、新技术，全面工厂化制造，优化集成，以确保每一套整体浴室精美绝伦，旨在为顾客提供舒适、环保又具有持久价值的优良产品，使浴室成为人们舒适生活空间的一部分。

设备方面，远铃拥有世界领先的整体浴室生产线，包括数台巨型控油压机及内导热精密模具。其中2500t的数控油压机就有2台，内导热精密模具有30多套，开创了中国整体浴室热压成型生产先河。

技术方面，远铃是业内专业技术和模压技术的主导，突破规格与尺寸的限制，设计出适合任何浴室的万能底盘；自主开发领先全球的模压成型技术；实现整体浴室的标准化与个性化的完美结合。

流程方面，全流程由EMS计算机集成制造体系控制；全电脑数控工业制造；成为当今世界规模最大的模压整体浴室生产基地，自动化生产线。

2）技术体系

（1）设计

远大住工与内梅切克工程有限公司合作，引进该公司整套BIM系统，再根据我国及远大住工发展规范进行调整，应用到设计和节点、生产制造、工地施工与管理等各个环节中，保证绿色建筑生命全周期的信息和数据的全程一致性。

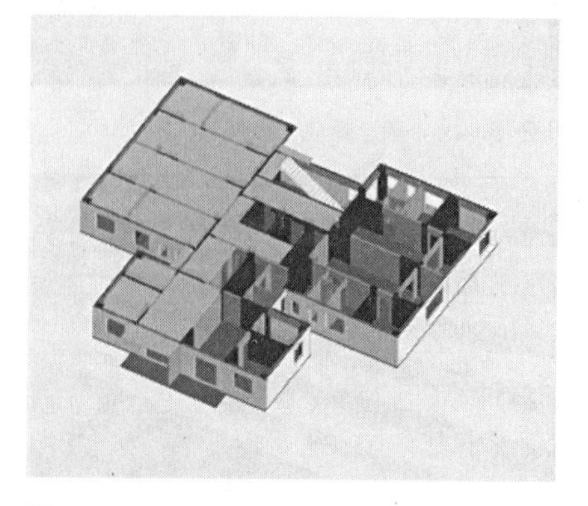

图2-3-10 远大住工高层建筑结构BIM模型图

（2）生产

远大住工以工业化生产方式来建造房屋，PC生产采用柔性流水生产线，磁性挡块可灵活拼装模具，全自动装潢、布筋、布料、震动、养护，减少工人劳动强度同时大大缩短工作周期，保证产品质量，提高劳动生产率。

工业化、标准化、模块化“十二五”期间年产能5000万m^2。远大住工以工业流水线的方式，遵循标准化、工业化，以模数协调、模块集成、技术优化为基础，大规模的制造建筑。大幅提升建筑质量，有效降低建筑能耗，从根本上改变传统建筑方式对资源能源的大量消耗及对环境带来的巨大破坏。

（3）施工

远大住工集成建筑包括主体在内大部分构件和部品均在工厂生产、配送，传统的建筑工地变为住宅工厂的“总装车间”。采用机械桩、全装配地下室、主体吊装、部品化装修等技术创新和机械作业，沿袭工业制造的高精度和高质量要求，最大限度消除人为因素的制约，实现每百平方米建筑面积减少5t建筑垃圾的产生。200km辐射半径的工厂运输，让配送安全、迅速，实现可管理的全流程生产线。

与传统施工现场相比，不用搭设外脚手架，降低安全隐患；高效率方面，施工周期是传统建筑方式的1/3左右，高层约6天一层（含隔墙），多层约2天一层；管理方面，施工用人量大幅减少，综合成本降低，而且真正可控。

施工成本节约。临时道路钢板铺设，循环使用不浪费。远大住工集成建筑临时施工道路由钢板铺设，可循环使用，避免打造高荷载临时施工道路的成本浪费和资源损耗；摒弃传统木模版，采用可重复使用的钢模，减少砍伐日益消逝的绿色山林，避免传统支模的惊人浪费；干法施工，干法装修，“拧紧”传统建筑工地源源不断的“水龙头”。

远大住工集成建筑将传统施工的串联改成并联；基础、地下室与主体构件生产同步；主体施工与内外装修同步；园林绿化与工程施工同步……施工场地可压缩到最小，施工周期只需要传统建筑方式的1/3，施工现场6S管理，整洁清爽、有条不紊，不破坏周边环境；成品住宅，不会出现后期二次装修污染和扰民现象。

（4）服务

在房屋质量方面，远大住工做到房屋全生命周期的质量保证。集成建筑具有安全、耐久、保温、隔音、防水抗渗等突出性能，全装修一步到位，杜绝了二次装修的浪费、污染及由此带来的系列安全和管理问题，真正做到了产品质量和性能的全方位保障。作为全生命周期绿色建筑的提供商，远大住工在产品的后续阶段仍会进行跟踪服务，不断优化产品的性能和服务功能，将建筑的全生命周期纳入远大住工产品质量的全服务生涯。

远大住工将客户的发展纳入自身范畴，建立计算机云系统，提供强大的智能管理功能，专业管理客户信息，为客户提供量身定制的服务。

（5）第五代集成住宅的优势

远大第五代集成住宅（BH5），是远大住工历经十余年探索，充分吸纳美国、日本、新加坡等国家先进理念与技术，在第一、二、三、四代集成住宅基础上，推出的集多项专利与核心技术为一体的最新产品，匹配中国住宅的未来发展方向。具体优势如下：

安全耐久：竖向承重结构体系如柱、剪力墙均采用现浇方式；水平结构体系的梁与其下方的围护结构体系采用整体预制钢筋混凝土方式形成具有复合功能的预制墙，具有很好的安全性和可靠度。

节能保温：复合功能的预制墙体，加厚保温层，双层中空玻璃，保温性能提升，冬暖夏凉。

防水抗渗：无缝连接，杜绝外墙渗水。窗框预埋于PC墙体，根本上解决窗体漏水；整体浴室底盘一次整体模压成型，永不漏水。

低碳环保：主体结构采用PC，整个建筑无需用砖，无建筑垃圾和材料损耗，不破坏自然环境，减少废气排放。成品住宅，使用环保材料，无二次装修扰民现象。

3.2 浙江杭萧钢构股份有限公司

3.2.1 企业概况

浙江杭萧钢构股份有限公司（简称“杭萧钢构”）成立于1985年，已发展为国内首家钢结构上市公司（股票代码：600477），被列入住房城乡建设部首批建筑钢结构定点企业、全国民营企业500强、国家火炬计划重点高新技术企业和国家住宅产业化基地，杭萧钢构与浙江大学、同济大学、福州大学、西安建筑科技大学等多所著名院校和研究所建立了密切的合作关系，拥有院士工作站、博士后科研工作站。杭萧钢构参编、主编40多项国家、地方、行业标准及规程规范，100多项工程获鲁班奖、中国钢结构金奖、省（市）钢结构金奖等行业奖项。在楼承板、内外墙板、梁柱节点、结构体系、构件形式、钢结构住宅、防腐防火和施工工法等方面先后获得360余项国家专利成果。

目前，杭萧钢构拥有十余家全资或控股子公司，包括浙江汉德邦建材有限公司、安徽杭萧钢结构有限公司、山东杭萧钢构有限公司、江西杭萧钢构有限公司、河南杭萧钢构有限公司、河北杭萧钢构有限公司、广东杭萧钢构有限公司、杭州杭萧钢构有限公司、内蒙古杭萧钢构有限公司、万郡房地产有限公司、杭州杭萧建筑设计有限公司及杭州新维拓教育科技有限公司，总占地面积3000余亩，厂房面积100余万m^2。

杭萧钢构专业设计、制造、施工（安装）厂房钢结构、多（超）高层钢结构、大跨度空间钢结构、钢结构住宅、绿色建材（包括TD、钢筋桁架、钢筋桁架模板及连接件、CCA墙体部件、防火包梁柱体系等产品）。产品销往世界各地，数千个样板工程已覆盖40多个行业，遍布德国、冰岛、印度、伊朗、阿曼、伊拉克、安哥拉、南非、巴西、委内瑞拉、阿根廷、俄罗斯、新加坡、马来西亚等全球40多个国家或地区。

杭萧钢构具有房屋建筑工程施工总承包一级资质、建筑行业工程设计乙级资质、钢结构工程专业承包一级资质、中国钢结构制造企业资质（特级）、轻型钢结构工程设计专项甲级资质、钢结构专项施工一级资质。

杭萧钢构拥有美国钢结构协会AISC认证、新加坡SSSS认证、欧盟DVS／欧洲焊接生产企业DIN18800-7认证、英国皇冠ISO9001质量体系认证、ISO14001环境管理体系认证、BSI-OHSAS18001职业安全管理体系认证、国家级实验室（CNAS认证）。汉德邦CCA板获得中国环境标志产品认证、CE认证和住建部康居产品认证等国内国际权威认证。

杭萧钢构系中国工程建设标准化协会单位，中国建筑金属结构协会副会长单位，中国钢结构协会副会长单位，中国民营科技促进会建筑建材专家委员会常务理事单位，全国轻型钢结构技术委员会委员单位，上海市金属结构行业协会副会长单位。

截至2017年底，公司总市值达到121亿元，2017年主营业务收入超过46亿元。杭萧钢构的2014年最新公告和财务数据显示，未来用于轻型钢结构住宅体系研发与产业化项目拟投入募集资金1.58亿元。该项目拟利用已征土地和已建厂房，购置数控方矩管后加工焊接生产线、高频焊接H型钢后加工生产线等设备，建设形成年产500万m^2钢结构住宅部件的生产能力。

3.2.2 企业现状

1）产业化特点

多年来，我国住宅建设主要是粗放型生产，住宅建造以现场手工湿作业生产方式为主，不仅生产效率低、建设周期长，而且能耗高、环境压力大，更主要的是住宅的质量和性能难以保证，寿命周期难以实现。目前，这种粗放型、低水平的住宅建造方式，仍然是我国住宅建设的主要模式。具体表现为：住宅技术的发展仍以单项技术推广应用为主，技术缺乏有效的集成和整合，尚未形成完整系列的建筑体系。尤其是比较通用的钢结构住宅、预制混凝土装配式住宅、混凝土砌块等新型建筑体系缺乏相应的配套技术、相关规范及标准，推行起来难度较大，难以形成规模效益，大量的科技和劳动力投入无法有效优化，从而束缚了行业的技术创新和产业升级。

住宅产业现代化的根本性标志就是住宅建筑工业化的程度和水平。由于钢结构住宅可以很便利地采用工厂化、规模化、标准化、精确化、流水化制作，又可以实现装配式安装，科技化程度高，有利于系统化、体系化生产，符合我国住宅产业化要求，因此，我国政府正在大力推动多、高层钢结构住宅体系的广泛应用与发展，以促使住宅产业生产方式的变革，为加快实现住宅产业化提供政策保证。

多年来，国内有许多钢结构企业很早就开始了住宅产业化的探索与尝试，通过多年研究，已形成了较为完整的钢结构住宅体系，但对钢结构住宅的建筑体系研究不够，主要是没能解决钢结构住宅中的“三块板”（楼板、内墙板、外墙板）问题，直接影响了钢结构住宅的推广和应用。杭萧钢构则彻底解决了这一难题，成为第一个真正意义上实现钢结构住宅产业化的国家住宅产业化基地。

杭萧钢构作为第一个真正意义上从事钢结构住宅产业化的国家住宅产业化基地，将对推动住宅产业化进程起到积极作用。杭萧钢构研发出与钢结构住宅配套的“三板体系”，即内墙板、外墙板及楼板，满足了钢结构住宅产业化发展的需要，使钢结构住宅“高、大、轻”的独特优势得以充分发挥。杭萧钢构的楼板采用钢筋桁架楼承板系统，它是将楼板中的钢筋在工厂加工成钢筋桁架，并将钢筋与底模连接成组合模板，在钢筋桁架模板上浇注混凝土，形成钢筋桁架混凝土楼板。其优点是：可减少现场绑扎工作量70%，缩短了工期，保障了楼板与梁柱结构在施工速度上的协调一致；可多层楼板同时施工，提高了施工效率；大量减少现场模板及脚手架用量，简化了施工工序。其内、外墙板采用CCA板灌浆墙，在工厂制作好，到现场安装，墙体厚度较小，属于自保温墙体，无需做外保温和内保温，增加了室内使用面积，提高了得房率。“三板体系”彻底解决了以往钢结构住宅建设中的难题，很好地满足了钢结构住宅产业化发展的需要。

全国住宅建筑中的1/4（即3亿m^2左右）能够推广应用以节能省地环保型钢结构住宅为主的工业化住宅建筑体系或相关技术，则每年可节能500万~650万t标准煤，节地5万~6万亩，节水20万~30万t，节约水泥40万~50万t，节约钢材400万~600万t，减排二氧化碳1500万~1800万t。同时还可带来800亿元~1200亿元的附加经济效益，真正做到“四节一环保”。如能实现这一目标，将是我国住宅产业生产方式的一次重大变革，也将为我国尽早全面实现住宅产业化奠定坚实而稳固的基础。

2）研发

公司凭借强大的科研开发能力，先后承担多项国家级建设科研项目：

（1）“十三五”国家重点研发计划“建筑工业化技术标准体系与标准化关键技术”；

（2）新型建筑结构及住宅产业化相关产品开发第一分项“高层建筑钢—混凝土组合结

构产业化”；

（3）“矩形钢管混凝土结构成套技术”“矩形钢管混凝土高位抛落法施工工艺”“方钢管混凝土与工字形钢梁框架节点的抗震性能”实验研究与开发；

（4）2004年国家火炬计划重点高新技术企业项目《高层建筑钢—砼组合结构产业化》（2004EB030637）；

（5）建设部2004年科学技术项目《新型钢结构住宅体系的研发与产业化》（04-2-152）；

（6）国家科研院所技术开发研究专项资金项目《高层钢框架—混凝土核心筒混合结构体系研发》之“钢梁与方钢管混凝土柱用端板和贯穿式高强度螺栓连接的试验研究”与“钢梁与方钢管混凝土柱侧面焊缝连接节点的抗震性能”课题；

（7）矩形钢管混凝土结构设计计算软件开发；

（8）冷弯薄壁Z型钢连续檩条受力性能与设计方法的试验研究，其研究成果荣获杭州市2001年科技进步叁等奖；

（9）钢筋桁架承重的混凝土楼板模板技术开发；

（10）杭萧屋面彩板抗风吸力性能试验研究。

3）生产能力

杭萧钢构拥有H型钢生产线、箱型柱生产线、管桁架生产线、围护生产线、钢筋桁架模板生产线、檀条生产线、高频焊生产线以及CCA板生产线、360度咬合板生产线等各类生产线，主要设备均从国外引进。强大的生产能力完全能够满足不同客户高品质的加工要求。

4）系统与服务

作为中国钢构行业的先行者，杭萧钢构一直在中国钢结构的发展过程中处于领先地位。从轻钢结构到多高层钢结构，再到钢结构住宅体系，杭萧钢构以追求卓越的企业经营理念，以“为客户创造更大价值”为使命，向客户提供从技术咨询、工程设计、方案定制、制造安装等一体化系统解决方案。杭萧钢构自行研发、设计、制造的各类钢结构系统产品适用于不同领域和各类用途的建筑项目，可充分满足不同客户的个性需求。

1999年始，杭萧钢构即成立了专门研究机构对钢结构住宅体系进行研究与开发，先后进行了60余项系统的试验与检测，取得专利成果60余项，参编和主编了国家、地方和行业规范30余项。形成了国内最成熟配套的钢结构住宅产品系统。2010年3月杭萧钢构通过了住房城乡建设部专家组论证，被住房城乡建设部命名为“国家住宅产业化基地”。

杭萧钢构承建的国内面积最大且最成熟的钢结构住宅群武汉世纪家园等多项钢结构住

宅，奠定了杭萧钢构在钢结构住宅领域的领先地位。杭萧钢构承担的国家建设部科学技术项目“新型钢结构住宅体系的研发与产业化”，获得住房城乡建设部“全国绿色建筑创新奖”。

（1）杭萧钢构住宅系统主要构成：结构体系采用钢框架—混凝土筒体体系。

①柱采用高频焊接方型钢管混凝土柱；

②梁采用高频焊接H型钢；

③框架梁柱采用直通横隔板式刚接节点连接；

④楼板采用钢筋桁架混凝土现浇板或叠合板；

⑤内外墙围护体系采用汉德邦CCA板灌浆墙；

⑥钢构件防火采用厚涂型防火涂料外包CCA板。

（2）新型建材系统：

杭萧钢构的目标不是单纯进行钢结构设计制造安装，而是新型环保建筑的系统集成商，不仅仅在建筑钢结构方面做大做强，同时研发成功了三板体系，CCA板、钢筋桁架模板、高频焊等产品均为国内先进的产品，在多项重点工程中实施。

2004年杭萧钢构斥巨资专门组建成立浙江汉德邦建材有限公司，致力于新型建材产品系统的研发与制造。公司从德国、奥地利等国引进先进生产设备和工艺，专业生产钢筋桁架楼承板、CCA板凳系列绿色、环保、节能、高效新型建材产品。为实现“让每一栋建筑都采用绿色、安全、节能建材”的企业愿景不懈努力。

（3）新型建材系统构成：

①高频焊产品；

②钢筋桁架楼承板；

③CCA板；

④系列维护板材：墙面围护；

⑤C/Z型檩条；

⑥HXY-478咬合式屋面板。

3.3 威信广厦模块住宅工业有限公司

3.3.1 企业简介

威信广厦模块住宅工业有限公司是一家专业从事模块化建筑的研发和建造的企

业，于2012年5月28日注册成立，注册资本2324万美元，截至2016年底总资产达3.36亿元，净资产近1.24亿元。公司目前员工近600名，大专以上学历员工占50%以上，其中：国家级专家有4名，外籍专家5名，高级工程师5名。威信广厦系国家级高新技术企业，是国家装配式建筑产业基地、国家模块建筑研发基地、江苏省建筑现代化示范基地、江苏省装配式建筑部品构件生产基地，获得住房城乡建设部建设行业科技成果推广证书以及江苏省创新技术推广证书等各项证书；并拥有ISO 9000和18000质量管理体系认证 。

公司占地300亩，目前，第一条生产线占地100亩，厂房面积约4万m^2，年产20万m^2建筑面积，已建成投产。

3.3.2 模块建筑体系

威信模块建筑体系是将建筑的功能空间设计划分成若干个尺寸适宜运输的多面体空间模块，根据标准化生产流程和严格的质量控制体系，在专业技术人员的指导下由熟练的工人在车间流水生产线上制作完成室内精装修，水电管线、设备设施、卫生器具以及家具等安装。模块运输至现场只需完成模块的吊装、连接、外墙装饰以及市政绿化的施工。彻底改变传统建筑体的生产工艺和建造方法。所建项目均属于低碳环保节能减排。威信3D模块建筑体系较传统建筑方式更加先进、工业化程度更高，能够从根本上解决环境保护问题。威信3D模块体系具备完整的工厂生产流水线体系，成熟专利技术90多项；工业化程度达85%以上；建造周期提升一倍；适应精装住宅酒店高档公寓。该体系能够减少能源消耗，抑制工地扬尘，减少建筑垃圾；与同等规模的钢结构建筑相比，实现节约钢材15%以上；与钢筋混凝土结构相比，节约混凝土80%以上；现场施工节电70%；节水70%；减少建筑物垃圾90%；其95%的建筑废弃物可回收利用；具备积极的绿色环保意义。

企业现有装配式住宅生产服务能力20万m^2，在建装配式住宅生产服务能力28万m^2。

威信广厦模块住宅工业有限公司是国家高新技术企业、江苏省住宅产业现代化示范基地等，获得了省级、市级和镇江新区各类财政和人才项目支持。

3.3.3 技术体系优势

1）工业化程度高

模块建筑体系除在建造现场按照设计要求现浇钢筋混凝土基础、核心筒或剪力墙外，其余承重结构模块均在工厂制作，现场组装，其工业化程度达到85%，彻底改变了传统建筑的生产工艺和建造方法。

2）适用性广泛

经对模块建筑体系的抗震计算和振动台抗震性能试验，证明威信建筑模块体系目前可建造6~30层高的建筑。模块建筑体系可广泛适用于住宅（特别是保障性住房和精装修住宅）、办公楼、酒店等建筑。也可以灵活与传统的混凝土现浇的建造方式相结合使用，解决大跨度空间的建造需要。模块建筑体系可以根据不同的功能空间，制作异形建筑模块，解决了户型的多样性、造型的多变性，满足建筑个性化需求。

3）建筑寿命长

模块建筑体系由于建造精度高，施工质量优，抗震和防火性能强，使建筑的安全性和耐久性得以提高，使建筑设计使用寿命达到70年。

4）环保效果显著

由于模块建筑体系采用工业化建造方式，与同等规模的钢结构建筑相比，节约钢材15%以上；与钢筋混凝土结构相比，节约混凝土80%以上；现场施工节电70%，节水70%，减少建筑物垃圾85%，其95%的建筑废弃物可回收利用。模块建筑体系的环保节能隔声等多项指标达到欧洲最高环保标准（A级）要求。

5）性价比高

因模块建筑体系在我国尚未形成大规模的推广应用，其建安造价略高于传统钢筋混凝土结构体系，但模块建筑体系的建造质量明显提升；施工工期明显缩短；室内精装修污染明显下降，房屋性能有明显加强，因此，其综合效益明显优于传统钢筋混凝土结构体系，体现出性价比方面的优越性。

6）专利技术成熟

公司有包括国际发明专利在内的多项专利，专有技术包括从设计到制造、搭建、验收的各个环节。企业管理和技术可持续研发能力与国际接轨。

7）建造周期短

与传统钢筋混凝土结构体系相比施工周期减少约50%。一个两室两厅的套房一般由3个模块组成，在现场只需2个工人用2个工作日即可完成所有现场组装和调试，是传统建造方式无法比拟的。

3.3.4 项目案例

镇江新区港南路公租房基本信息　　表2-3-1

项目名称	镇江新区港南路公租房小区项目		
项目地址	镇江大港，西临烟墩山路，南沿港南路，东靠凤栖路，北侧是规划路		
建筑类型	☐商品住房☑保障性住房☐公共建筑☐工业建筑☐市政基础设施工程		
总用地面积m^2	50000	总建筑面积m^2	134500
单体建筑预制化率（%）	71%	居住建筑总栋数	10
项目进展阶段	☐项目准备阶段☐设计阶段☑施工阶段		
	☐竣工阶段		

1. 工程项目简介

项目基本概况、选用的建筑结构体系、是否为成品房、建筑节能标准执行情况、已确定的立项审批手续、进展情况等。

项目基本概况：

镇江港南路公租房小区项目是由镇江新区城市建设投资有限公司开发的保障性住房，由中国建筑设计研究院设计，兴华建设监理有限公司全程监督施工，由镇江市建筑安装工程质量监督站实施安全与质量的监察，由威信广厦模块住宅工业有限公司承担建设总承包工作。建设地点位于镇江大港，项目地属大港经济开发区，地理位置优越，地势平坦，交通便捷。该地块西临烟墩山路，南沿港南路，东靠凤栖路，北侧是规划路，此区域内共分两地块。一期地块含1~10号楼，每栋楼均为18层，建筑高度均为55.45m。总建筑面积134500m^2，地下室部分为38500m^2，地上建筑面积为96000m^2。总体结构体系为核心筒模块结构体系，为钢筋混凝土结构，抗震设防烈度为7度，建筑抗震设防等级标准为丙类，设计使用年限为50年。基础形式为片式筏板基础及钻孔灌注桩基础，混凝土等级为C30，抗渗等级P6。筏板基底标高为-7.67m。

序号	项目	内容		
（1）	建筑功能	公租房		
（2）	建筑特点	工艺先进、精细化设计、通透轻盈、高雅挺拔、富有强烈的时代感		
（3）	建筑面积	总建筑面积（m^2）	占地面积（m^2）	容积率
		134500	50000	1.82
（4）	建筑层数	地下	地上	备注
		车库1层、主楼2层	1~10号楼（均为18层）	
（5）	建筑层高	地下部分层高（m）		
		地下室	车库部位3.8	
		主楼地下室	主楼一层2.95，二层3.2	
		地上部分层高（m）		
		楼号	首层	标准层

续表

序号	项目	内容		
(5)	建筑层高	1~10号楼	3.000	3.000
(6)	建筑高度	设计标高±0.000m 相当于绝对高程	建筑高度 (至屋面结构层)	机房高度
		一期地块为19.3m (5号楼为19.6m)	1~10号楼高度均相同为 56.5m	
(7)	建筑防火	耐火等级为地上二级,地下一级		
(8)	装饰装修	岩棉保温板外墙		

本工程采用核心筒模块体系即威信3D模块建筑技术体系进行建造,分为现场施工部分和工厂建造部分两大块,建筑施工分别在现场与工厂同时进行。在现场完成地下车库、主体地下2层、地下1层以及主体地上核心筒部分的施工。除以上部分,主体地上建筑均为工厂建造的模块,建造后到现场围绕核心筒进行搭建,并完成整个建筑物的保温及外装饰面层的施工,建筑地上建筑皆为工厂预制,并实现了高度集成,主体结构和精装修同时工厂预制,包括地上部分和地下部分在内的建筑整体预制率达71%以上。模块在横向跟竖向上都相互固定,并横向连接在核心筒上,承重墙上下对齐。每个住宅套型由2~3个模块构成,每个模块由混凝土楼板、钢密柱墙体及天花桁架组成,模块内由非承重墙分隔成不同的房间。

本工程项目为公租房小区项目,通过采用3D模块建筑技术建造,预制率较高并实现了土建装修一体化,项目为成品房。

本项目的管理目标如下:

质量目标:精品工程(事前控制、事中控制、事后控制);

工期目标:严格按业主要求工期,确保后墙不倒;

安全生产目标:杜绝死亡,消灭重伤,轻伤月平均负伤频率低于1‰;

文明目标:达到市级文明工地标准,努力做好现场管理,场容场貌创一流水平,争创镇江市建设工程"安全文明"工地;

成本目标:在保证工程质量的前提下,确保项目成本控制在合理的范围内;

环保目标:追求低碳、节能、控制噪声及杜绝各种声、光、尘污染。

本项目严格按照国家及南京市关于建筑工程施工的各项管理规定执行,加强施工组织和现场安全文明施工管理,该工程在文明施工方面,创建江苏省文明施工工地,也将成为我公司的样板和代表性工程,不仅如此,而且要使该工程成为节能型、环保型建筑,成为既满足设计风格又满足使用功能的绿色工程。环境目标:

1)施工现场最大限度节约水电资源和办公资源;

2)污水排放达标,噪声排放达标,粉尘排放降到最低;

3)固体废物逐步实现无害化、减量化;

4)禁止使用有毒有害成分超标的建筑材料;

5)杜绝火灾、爆炸的发生。

2. 工程项目采用符合建筑产业现代化的主要技术内容

工程项目所使用的预制构件、部品情况(详细说明楼号、栋数,预制构件具体部位和总量等);单体地上建筑的面积、层数、结构类型和预制装配率、装饰装修装配化率;采用的成套技术情况等。

本工程项目1~10号楼,每栋楼均为18层,建筑高度均为55.45m。总建筑面积134500m^2,地下室部分为38500m^2,地上建筑面积为96000m^2。其中地上建筑均为建筑模块组成,在威信3D模块生产基地预制而成。预制构件为3D建筑模块,是一种尺寸适合运输的精装修的多面体空间单元,通常一套完整户型住宅由2~4个模块组成,高度集成,真正做到高度工业化、高预制率。本项目中建筑主体均为预制构件即威信3D建筑模块组成,共计3168个预制3D建筑模块,本项目地面上建筑主体全部是工厂预制,包括地上地下建筑在内的总建筑预制装配率可达71%以上。

1)技术简介:威信3D模块建筑技术是一项符合我国建筑产业现代化工作需求的建筑体系,该技术是将建筑的功能空间设计划分w成若干个尺寸适宜运输的多面体空间模块,根据标准化生产流程和严格的质量控制体系,在流水生产线上制作并完成室内精装修,水电管线、设备设施、卫生器具以及家具等安装。模块运输至现场只需完成吊装、连接、外墙装饰以及市政绿化。该技术具有工业化程度高、高度集成、可建高层建筑、设计施工灵活、节能环保、建造速度快、劳动生产率高、性价比高、可回收利用等优点,全面提升建筑的综合质量。

2)工艺流程:模块建筑工艺分为18道工序,分别为模块钢梁组装(墙体框架铆焊)、墙体组装、空间模块组装、浇筑楼板混凝土、内隔墙&排污以及通风系统的施工、内墙装饰支撑体系、一道水电施工、地面天花楼面处

续表

序号	项目	内容
		理、铺瓷砖地砖、厨房设施和家电、二道水施工、木门装饰（门窗等）、二道电施工、室内装饰、清洁、模块顶面及立面包装、运输、现场施工。在运输前，整个模块生产过程全部在工厂内完成，包括精装修、室内保洁。 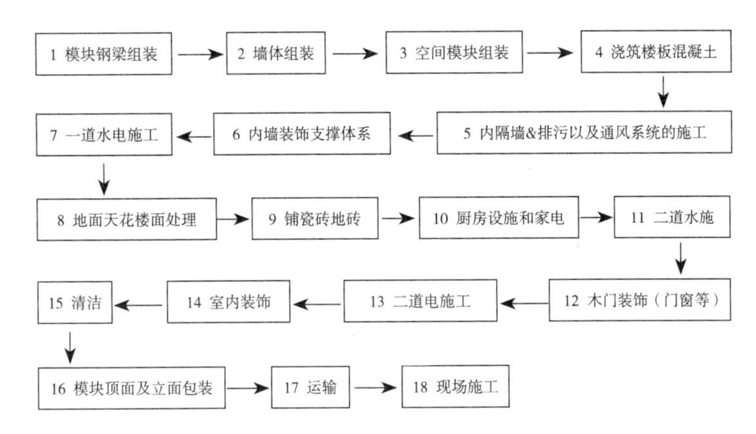 3）技术创新性： 工业化程度高。除在建造现场现浇钢筋混凝土基础、核心筒外，其余承重结构模块均在工厂制作和组装，其工业化程度达到85%，彻底改变了传统建筑的生产工艺和建造方法。 4）适用性广泛： （1）经对模块建筑体系的抗震计算和振动台抗震性能试验，证明威信（Vision）建筑模块体系目前可建造100m以下的建筑。 （2）模块建筑体系可广泛适用于：精装修住宅、办公楼、酒店、公寓、医院等建筑。可以灵活地与传统的混凝土现浇的建造方式相结合使用，解决大跨度空间的建造需要。 （3）模块建筑体系可以根据不同的功能空间，制作异形建筑模块，解决了户型的多样性、造型的多变性，满足建筑个性化需求。 5）设计施工现代化： （1）实行设计的标准化。模块建筑体系是指由混凝土核心筒和多个预制集成建筑模块组合而成的建筑体系。集成模块是按建筑的功能空间，设计划分成若干个尺寸相对标准化的承重结构单元。适宜运输和现场安装。 （2）实现建筑部品部件生产的工厂化。集成建筑模块是由钢密柱墙体和混凝土楼板等构件，以及吊顶、内装部品等共同组成的预制三维空间承重结构单元（简称模块），用以构成模块建筑体系。模块在工厂先进的装配线上，以制造业的工艺要求，实现预制模块的标准化生产。工厂化的生产不但提高了模块的加工精度和质量，也为现场安装提供了技术保障。 （3）实现现场施工的装配化。在工厂预制成型的建筑模块运至工地现场装配，提高工作效率，缩短了施工工期，可节约大量的人力和物力，显示出现代工业化装配式建筑的优势。 （4）实现土建装修的一体化。建筑模块在工厂制造的过程中，同时完成了室内精装修，水电管线的敷设及卫生器具、厨具、家具等设备设施的安装。土建装修一体化杜绝了建筑装修材料的浪费，净化和装修环境，避免了长期装修扰民的现象发生，实现了真正意义上的交钥匙工程。

3. 工程项目实施的经济效益和社会效益分析

镇江新区港南路公租房小区项目作为威信广厦在国内的第一个模块建筑技术示范应用项目，总面积约13万m^2，创造总价值约为6亿元。该公租房项目共计1440套房，可容纳低收入群体1440户，缓解当地政府解决低收入人群住房的压力。模块建筑技术与传统建筑技术相比，施工现场减少建筑物垃圾85%，其90%的建筑拆除废弃物可回收利用。按照传统建筑每万平方米在施工过程中将产生建筑垃圾500~600t，建筑体拆除废弃物将达到7000~12000t来计算，本项目将在施工现场减少建筑垃圾约为500×85%×13~600×85%×13即5525~6630t，同时由于模块建筑技术在工厂内生产过程中以实现精装修，大幅度减少日后装修施工带来的材料浪费与建筑垃圾。按照传统建筑的建筑体拆除废弃物达到每万平方米7000~12000t来计算，本项目将会有7000×0.9×13~12000×0.9×13即81900~140400t建筑拆除废弃物可以在建筑寿命达到极限的时候进行回收再利用，大幅度实现循环经济与可持续发展。由于模块建筑技术是将现场的大部分施工量都转移到工程内生产线上自动化生产，现场采用机械化吊装施工，既减少了一定的人力成本，同时又大幅度减少施工现场的噪声污染、空气污染、固体废弃物污染，真正做到节能环保。

3.4 构件类企业的问题

3.4.1 标准化程度不高，降低了生产效率

装配式建筑PC部品标准化程度不高，标准化程度低导致的模具规格过多，同一项目中PC部品类型较多，增加成本，不同项目中PC构件不能通用，大多设计未按照装配式思路设计，模数化、标准化程度低。

预制构件现在并没有标准化。工厂不能提前生产构件，只能是项目的深化图纸到位且各种手续完备之后才能按照图纸定制化生产，制约了生产效率。异型构件无法在流水线上生产，制约产量，总成本高。生产线全年忙闲不均提高了构件成本。

3.4.2 建厂摊销成本高，运输成本较高

建厂摊销成本高，构件购置叠加的税负重，预制构件有17%增值税；产品类型较多，存储占用场地造成管理困难。构件厂与实际项目距离较远，运输成本较高。相关政府部门应对运输超大、超宽的预制混凝土构件、钢结构构件、钢筋加工制品等的运载车辆，在物流运输、交通畅通方面给予支持。

3.4.3 市场推广较困难

构件生产企业处于产业链的末端。在项目策划阶段无法参与，而设计企业对于构件产品并不了解。造成构件生产企业被动生产的局面，影响生产线的产能发挥。

4 内装类企业

4.1 和能人居科技有限公司

4.1.1 企业简介

和能人居科技，是中国首家从事全屋装配式装修的高科技企业，装配式装修的标准制

定者、装配式装修工程实践的领跑者。天津市市级高新技术企业，国家高新技术企业。拥有四十余项发明专利，参编3项国家标准、3项地方标准，研发和制造使用“圣马克”全屋装配的工业化产品体系解决方案，已经应用到45000套居住建筑中。

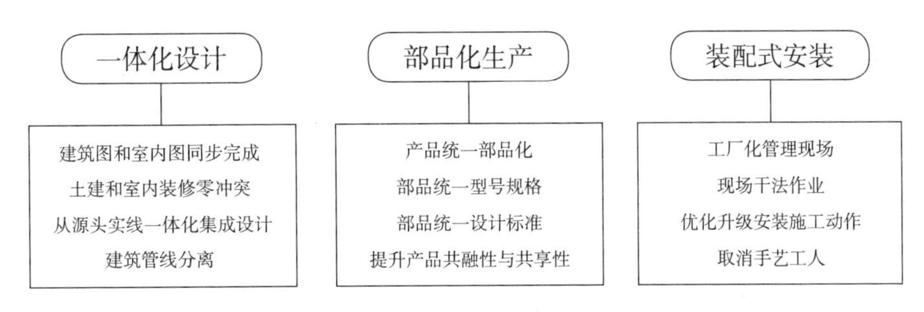

图2-4-1 企业特点

4.1.2 组织架构

1）北京和能

北京和能承担了内装产业化过程中的现场装配任务，负责项目现场的组织。和能把装配流程分解成25~30个装配项目，把这些项目分解成120~180个装配环节，同时把装配环节再分解成400~500个装配动作，每一个项目、环节、动作尽可能标准化，不能标准化的就改产品工艺、在工厂优化产品，减少环节及动作，也是工业视角改造施工现场的成果。

2）天津基地

和能人居天津基地负责内装产业化专用部品的研发及制造，通用产品集成采购和装配式安装程序化标准制定。

生产基地工厂坐落于天津市经济技术开发区南港工业区中区，建筑面积120000m^2。基地拥有研发队伍、执行团队和经过严格培训的产业工人队伍。

基地能够完成装配式装修体系中关键部品部件的自主性持续创新研发和大规模高效生产，以及通用部品部件的低成本集成。

基地拥有目前国内最先进的生产线及生产设备，其中关键制造设备均为自主研发并以意大利和德国等国家进口设备与之配套，其中包括：全套封闭式UV油漆生产线、国际一流的全色自动人造石浇筑线、PVC包覆线、水系统组装线、冷压线、热压线、线条喷淋线、全自动数控板材开料锯、木皮锯铣机、无影拼缝机、双端铣、直线封边机、数据钻孔中心、门加工中心、型线包覆机、涂边机等。

除满足装配式装修需要外，基地还在全球范围内与众多著名跨国集团、知名酒店、地产公司长期合作，满足世界各地区不同工程项目实际配套加工需求。自公司成立以来，已在世界各地完成300多个工程案例，其中不乏中国国家重点建设项目和世界各地著名建筑工程。

主要产品有：无石棉硅酸钙板UV涂装板、表面装饰无石棉硅酸钙板吊顶板、人造石台面、快装轻质隔墙、集成化轻薄型架空地暖系统、快装式水系统板式家具、室内门、衣柜、异型定制家具、整体橱柜、浴房等。无石棉硅酸钙板UV涂装板年产800万m^2；表面装饰无石棉硅酸钙板吊顶板年产260万m^2；人造石台面年产50万m；快装式水系统年产10万套；除高端定制外，年产能可完成10万套以上室内门及橱柜柜体的加工配套，并始终保持高速增长态势。

3）北京物流中心

北京天宫院基地，负责工厂和现场之间零接缝的配送以及其他辅助服务。作为装配式装修系统解决方案制造商和服务商。在供应链上的城市服务站，搭建工厂与现场之间的桥梁，既能延伸工厂的服务触角，又能对现场的需求快速反应。

北京天宫院基地，服务功能包括：供应链运营指挥中心，产品再加工及精包装车间，产品实景体验间，城市周转库房，快速补给产品库房，售后服务备品库房。

4.1.3 装配式内装系统

1）快装集成采暖地面系统

快装集成采暖地面系统是在结构板地的基础上，以地脚螺栓架空找平，高度控制在72~92mm，在地脚螺栓上铺设以轻质地暖模块作为支撑、找平、结合等功能为一体的复合功能模块，然后在模块上加附不同的地面面材，整体形成一体的新型架空地面系统。整个系统高度为 120~140mm（按实际需求）。既规避了传统以湿作业找平结合的工艺中的多种问题，又满足了部品工厂化生产的需求，构建了装配式装修的地面体系。

2）快装轻质隔墙系统

以轻钢龙骨隔墙体系为基础，饰面材料为涂装板，既满足了空间分隔的灵活性，也替代了传统的墙面湿作业，实现了隔墙系统的装配式安装。

卫生间墙面：根据国家规范对卫生间防水的要求，考虑到卫生间实际使用情况，卫生间墙面系统在龙骨内侧会加装PE防水层，保证空间的防水性，在接缝处做特殊防水处理。

3）快装墙面挂板系统

在传统的砌块隔墙及分户墙的基础上，替代了传统的墙面湿作业，实现了饰面材料的装配式安装。在传统墙面上以丁字胀塞及龙骨找平，在找平构造上直接挂板，形成装饰面，提高安装效率和精度。

4）快装龙骨吊顶系统

结合轻质隔墙系统，单独开发支撑龙骨，将轻质吊顶板以搭接的方式布置于现有墙板上，不与结构顶板做连接的吊件，不破坏结构、施工便捷、施工效率高、易维护。

5）快装集成给水系统

布置于结构墙与卫生间饰面层中间，实现了管线分离。开发了即插式给水连接件，既满足了施工规范要求，又减少了现场的工作量，避免了传统连接方式的耗时及质量隐患。

6）薄法同层排水系统

针对同层排水系统独立开发部品，将架空层高度降到合理使用的最低值，对空间友好，管材采用性能更优越的HDPE或PP排水管材，连接方式便于现场施工和后期维修的橡胶圈承插方式。

7）集成卫浴系统

根据卫生间空间尺寸，在工厂加工整体卫生间底盘，结合和能整体给水排水系统、快装地面系统、快装轻质隔墙系统、快装龙骨吊顶系统，组成和能整体卫生间系统，在卫生间内我们专门开发了相应的五金配件及卫生间配套部品、材料，满足卫生间装配式快装需求。

8）集成厨房系统

整体厨房通过一体化的设计，综合考虑橱柜、厨具及厨用家具的形状、尺寸及使用要求，合理高效的布局。组装快，品质高，成本低，空间利用率高。

4.1.4 装配式装修版本介绍

1.0版：因地制宜，产业化率达到60%左右，适用于传统建筑结构生产方式及毛坯房交楼验收规范。该版本采用大量工厂化生产的标准化容错部件，以规整作业面为目的，实现了绝大部分部品部件的工厂化生产以及现场标准化装配，大幅度提升了装配品质；同时，采用了更符合内装产业化特征的和能专利产品，如墙面涂装板、搭接式橱柜台面体系、止水性设计、防水性专用柜体等，大幅度减少了现场湿作业。

2.0版：在1.0版产品方案基础上导入先进的内装结构体系，即以轻质隔墙体系及四合一地面安装体系为代表，基本实现90%的产业化率。2.0版已经是一个具有国际先进水平的系统解决方案，为了百年住居目标，要求实现内装管线设备与结构支撑体系的分离，满足建筑全生命周期内翻新时不破坏结构的需要。现场湿作业几乎为零，部品部件的标准化率工厂化率几近100%，现场装配化安装程序标准化率也达到90%以上，安装环节劳务人员转换为专业化产业工人的基础已经具备。

3.0版：在建筑结构产业化率较高程度时与结构工厂化生产实现无缝连接，即真正达到建筑、内装、部品设计一体化对接、部品间接口标准化对接，现场装配程序化对接，数据链标准化对接，并通过新产品、新材料、新工艺的使用，可以实现内装100%的产业化率。3.0版解决方案同时提供给客户外观上的菜单式选择，使得产品更加个性化，全方面满足业主要求。

4.2 东易日盛集团

4.2.1 企业简介

始创于1997年，目前已发展为一家专业化、品牌化、产业化的大型上市家装集团公司（股票代码：002713），连续多年居于《中国最具价值品牌500强》家装行业前列，品牌价值高达228.63亿元。

20年来，东易日盛集团一直专注家装产业的创新发展。近年来，东易日盛集团率先启动科技化转型，已拥有近100项专利，是家装行业中率先通过国家认证的高新技术企业、国家装配式建筑产业基地。目前，东易日盛以DIM+系统为核心，依托品牌与获客平台、全信息系统建设平台、产品创新平台、供应链深化整合平台、职业教育平台、仓储物流平台、互联网金融投资平台、投资平台8大平台，凭借实业与投资双轮驱动的发展模式，以家装为入口，利用资本力，逐步深化、落地家庭消费生态圈建设，以全新商业模式引领中国家装行业进入“科技型生态变革”新时代。

4.2.2 组织架构

东易日盛集团旗下已拥有：东易日盛装饰、速美超级家、睿筑国际设计、原创国际设计、创域家居、盛华美居六大B2C品牌；邱德光设计、集艾设计、东易日盛健康科技人居子公司、易日通（供需链）等四大B2B品牌，金融投资品牌文景易盛；由数字化及人工智能研究院、信息化开发及运维事业部组成的科技板块；由东易日盛智能家居子公司、意德法家家居公司、产品开发事业部组成的产品板块；由山西东易园、南通东易通盛、长春东易富盛德、特许事业部组成的同心阵营等。业务类型深入覆盖整个家居产业，形成了以北京总部为中心、遍布全国100余个城市的格局，并延伸之中东、北美等地，为国内外各消费阶层提供多样化、高品质的家装服务。

4.3 青岛海尔住宅设施有限公司

4.3.1 企业简介

青岛海尔住宅设施公司为青岛海尔集团直属公司。成立于1997年9月。公司全套引进日本川崎卫浴加工设备和日本日聚公司的生产工艺，用于生产高品质的整体卫生间。2003年12月，入选“国家住宅产业化基地”。

海尔集团是享有较高声誉的大型国际化企业集团，具有较强的研究开发、应用技术集成、工业化生产与协作配套、质量保证体系、市场开拓以及相应的推广应用能力。该集团实施的集成系统具有可行性和先进性，技术创新水平及科技含量较高，可以产生良好的经济效益和社会效益。目前该基地已经形成了较高的现代化生产方式及产业化水平，具有较好的产业化示范作用与辐射效果。

海尔住宅产业化基地有其他企业不可比拟的优势，主要贡献在于它可以有效整合全球科技资源，建立住宅部品研发、生产基地，形成模块化的部品体系；规范行业产品的生产、设计、安装、服务等环节；配合研发，推动我国住宅部品体系向模数化、标准化、通用化、产业化方向发展；整合上、下游企业进行积极的市场推广和尝试。

海尔住宅产业化基地涵盖的主要包括：海尔家居装修体系、海尔整体厨房、海尔整体卫浴、商用及家用中央空调、海尔社区和家庭智能化系统等部分。其每一部分都是住宅建筑结构中的一个独立单元，具有特定的功能。

海尔家居装修体系积极参与开发商前期设计，提出了装配式装修的主张：集成式的配套使用各种整体式部件设备，项目标准化部件使用率达到70%。海尔以独创的工厂化管理为支撑，将传统的装修过程转变为产品生产，有效确保了项目工期与工程质量，同时，还把海尔家电的模块化和各项技术指标有机地融合到整体的空间设计中，最大限度地实现了室内空间的装修风格与家用电器实用性与功能性的有机统一。

在海尔整体厨房、海尔整体卫浴、海尔商用中央空调、海尔数字智能社区及家庭智能化系统等配套的内装和设备部品支持技术体系方面，海尔最大的特点是实现了技术的自主研发，摆脱了国内企业常见的依赖性。整体厨房是亚洲最大的生产基地，生产面积2.3万m^2，引进了德国HOMAG、Burkle公司、意大利Biesse、SCM等公司40余条先进生产线，以燃气灶、吸油烟机、洗碗柜、消毒柜、微波炉、冰箱等完备的配套方案，提供嵌入式三合一洗碗柜、隐身微波炉等整体厨房菜单内容；整体卫浴引进日本日聚先进的卫浴生产加工技术和日本川崎油工先进的模压设备，以统一的模数为设计参数，实现产品规格化、标准化、系列化；商用中央空调拥有4大产品群、8大系列、130多个规格的产品，研制提供了天然氧吧功能、健康负离子功能、广谱钛触媒功能、杀菌媒功能、换新风功能等各种附加功能，还开展了节能技术、降噪技术、人机工学技术等方面的研究和应用；数字智能社区及家庭智能化系统和日本三洋、韩国三星联合开发，制定出了具有世界先进水平的家庭网络标准，率先实现家庭内部的所有电器联网。

同时，海尔还与德国建材连锁集团OBI（欧倍德）合作，建立国际化的装修材料和标准件供应系统，可提供上万种绿色环保的专业材料，品类丰富，品质优越；与国内外众多标准化部件供应商结成战略合作伙伴，通过与他们的紧密合作，共同研究及发展应用内装木制产品，如门、窗、门窗套、木线、衣橱、收纳柜等，适应住宅部品产业化要求；海尔还拥有目前全国最大的企业物流系统，16000部卡车、42座大型区域配送中心、投资过亿的世界先进的SAPR/3ERP系统和SAPLES物流执行系统，以完善的运作保证迅捷的全方位物流服务，可以在世界范围内以较低的价格直接而迅速地选购符合国际质量和环保标准的最新材料。

海尔住宅产业化基地是国内最早的基地之一，其优势集中体现在：

（1）丰富的精装修经验。海尔业务遍及全国十几个重点城市，积累了大量运作经验，可为房地产企业提供最新行业讯息和第一手市场资料。同时，海尔还历练了一支优秀的队伍，运作规范，质量可靠。

（2）领先的研发优势。海尔研发实力雄厚，其中标准件供应与研发能力、装配式施工技术等均已达到国内领先水平。标准化部品部件使用率高达60%，大大缩短施工工期，降低运营成本。

（3）专业的部品集成能力。作为国家住宅产业化基地，海尔坐拥整体厨房、整体卫浴、智能系统、中央空调、系列家电等部品资源。提供个性化解决方案，一站完成部品配套。

（4）先进的工厂化管理。依托OEC、TQC全面质量管理等先进的管理技术，海尔集团实现了把每户看作一件产品，按工序的先后进行流水作业，并按工厂的模式对其进行全方位管理，在保障工期与质量的同时，有效地提高施工效率，并降低材料的损耗。

（5）完善的售后服务。独有强大的三位一体售后服务体系（信息调度系统、服务执行系统与技术支持系统），彻底免除了房地产企业与业主后顾之忧。

（6）海尔集团的住宅部品产业化基地将有效整合全球的科技资源，使得海尔装饰工程的住宅部品及材料实现系列开发、集约化生产、配套化供应、装配式现场施工。随着海尔品牌的住宅部品在国内住宅行业影响力的提升，将有力地推动我国住宅部品体系向模数化、标准化、通用化、产业化方向发展。

4.3.2 企业现状

1）海尔整体卫浴

海尔集团1997年开始涉足整体卫浴产业，同年成立了青岛海尔卫浴设施有限公司，是国内最早取得资质并进入该行业的大型制造研发型企业。十余年的从业经验，产品种类适用于房地产、医疗、酒店及教育系统等诸多领域。

结合多年的研发和改进，海尔整体卫浴产品已经完全超越了行业初期给人们留下的“塑料盒子”印象，海尔称作“Unit Bathroom”，即卫浴单元，产品在具备独立的框架结构（天、地、壁）的同时，可以实现材质、造型以及空间结构的多样性，如FRP、瓷砖壁板及天然石材等高端材料的应用，无论在规格档次还是使用感受上都超越了以往。近期批量出口日本及配套上海高档社区的部分大型项目充分证明了市场的需求和认可度。这里强调“单元”之意：一套产品就是一个独立的可使用单元，配备完整的排水、照明、电器、洗浴系统，是功能性与设计的完美结合，诠释出一种崭新的工业化卫浴理念，实现了真正的“即装即用”。

相比传统单纯的泥抹浆砌的手工作业，海尔对整体卫浴的设计秉承更多的工业化理念。

首先是生产的工厂化和标准化。当最终的设计方案被确定后，产品便开始经由现代化工厂进行批量预制，通过数控设备的精密控制，整个生产环节是可控的，是参照统一的设计标准进行的，而批量生产则保证了同一标准的可复制性和极高的执行效率。其次是针对产品的检验，通过完善的质量检验和控制体系，产品将按照统一标准进行严格的出厂检验，质量标准得到控制。接下来是产品的现场安装，传统手工作业所采用的施工方式，安装质量难以保证且受许多不确定因素的影响，如工人技术水平的高低、使用的原材料品质的优劣等。

另一方面是安装效率，传统的湿作业会受地域性和季节性影响，海尔卫浴则完全采用一种环保的绿色施工方式，可以做到现场无建筑垃圾、无噪声、无污染物，完全不受施工环境和季节性影响。加之产品全部采用标准的技术接口设计，部件通用性强，同时提高了现场安装的精度，降低了误差。

工业化生产相比传统的手工作业，无论在生产环节或是质量检验和现场装配，都拥有统一的标准，具备良好的可控性，显然是一种更具竞争力和科技含量的生产方式。

随着中国产业结构的逐步调整，政府加大发展循环经济的力度，已经开始重视并考虑如何使人民获得更加优良舒适的居住环境，使中国的住宅建筑业标准向国际化靠拢。

以日本的住宅产业为例，其无论产业规模还是新技术、新标准的普及应用都走在世界前列，自20世纪60年代起，随着战后重建工作的进展，巨大的住宅需求量带动住宅产业快速发展。1964年整体卫浴产业在日本应运而生，这种新型的工业模块化产品上市初期便得以大量的配套应用，1965～1970年，平均每年配套住宅90余万套。同时，日本住宅产业的GDP份额占比从70年代的7%左右，在2017年底上升到20%以上。

现在日本的整体卫浴应用已经达到新建住宅每户一套的水平，且诸如星级酒店、酒店式公寓等高级商用住宅也基本全部配套整体卫浴产品。日本住宅部件具备高度的标准化和通用化，针对无特殊要求的住宅，只要将通用部件组合起来即可。有完善的施工服务体系和机械化的施工技术体系，部品工厂化生产后现场装配，湿作业量少，质量易保证，对环境的污染降至最低。

相比之下我国的住宅产业化则刚起步，仍需面对一系列问题，但国家及各级政府已经积极面对并有所举措，如：《国家住宅产业化基地实施大纲》中明确规定，住宅部品必须向使用节能、节水、节材和环保的材料和住宅部品的成套技术上发展，促进住宅产业化可持续发展。而随后出台的一系列精装修政策，显然也已经为中国住宅建筑产业精装修发展指明方向。

整体卫浴及其他模块化住宅产品的产业化普及，关键还取决于行业、国家标准的确立和执行。当然开发商的态度、国民的消费习惯也需要引导，只有政府、开发商、施工方、装修企业以及终端购房者在这一标准上达成共识，才可以按照这个标准真正的执行。海尔卫浴将继续在如何进一步扩大生产规模，降低生产成本，提高产品通用性上进行研发跟进，为工业化住宅建筑体系和住宅产业链的建立提供良好的物质基础。

2）海尔整体厨房

海尔厨房设施有限公司成立于1997年，依托海尔集团位居世界白电四强、中国家电第一品牌的实力及品牌优势，致力于为消费者提供世界同步的高品质厨房生活。海尔先后投资1.83亿元，成套引进欧洲先进技术和设备，建成世界一流、亚洲领先的数字化厨房生产基地，年生产能力超过70000套，是目前国内厨房行业最大、最先进的厨房制造基地。

海尔在整体厨房行业内引领中国厨房行业的发展方向，并于2000年通过ISO9001质量体系国际认证。从研发、材料、生产、安装到服务，海尔推行全程环保绿色安全系统，采用先进的信息化、标准化流程系统，秉承家电一体的设计理念，建立了全面完善的业务操作平台，为消费者提供千种个性化方案、丰富的绿色安全厨房产品。

秉承“绿色安全”的理念，海尔从产品研发到服务形成一个完全的绿色安全系统。产品研发遵循绿色环保原则，提交完全符合环保、安全、节能和人性要求的设计方案；拥有高素质的安装队伍和施工工艺，国内率先采用的同步无尘绿色安装；全球顶级采购平台，使用符合国家标准的一级材料；行业内率先提出了“厨柜家电一体，服务一站满意”的理念，配套采用海尔全系列绿色、健康、节能、防辐射的绿色电器；使用世界顶级设备进行信息化生产和检测，确保绿色成品。

海尔是国家厨房标准制定（《家用厨房设备 第1部分：术语》GB/T 18884.1-2015，《家用厨房设备 第2部分：通用技术要求》GB/T 18884.2-2015，《家用厨房设备 第3部分：试验方法与检验规则》GB/T 18884.3-2015，《家用厨房设备 第4部分：设计与安装》GB/T 18884.4-2015）的参编单位和住房和城乡建设部行业标准《住宅整体厨房》JG/T 184-2011第一参编单位，积极推动我国整体厨房产业的健康发展。

4.4 苏州科逸住宅设备股份有限公司

4.4.1 企业简介

苏州科逸住宅设备股份有限公司自2006年成立以来，一直致力于推动中国住宅产业现代化的发展，拥有200多项国家专利，荣获“国家住宅产业化基地”“国家高新技术企业”“住宅产业化示范基地”“知识产权管理体系认证”等多项荣誉称号。获得江苏省企业工程技术研究中心、工业设计中心、企业技术研发中心等荣誉。

科逸住宅设备股份有限公司，采用“一个产品，两个市场”的模式，以整体浴室为核心深耕精装地产。将精工制造的内装部品、极致考究的工法与互联网基因结合，以工业化内装领军企业为目标，打造“一院三核”的生态制造理念，提供优质的家居部品和宜居的生活环境。

重新定义整体厨房概念，将整体厨房、木作收纳纳入装配式工业化内装体系。并已经具备整工业化内装十大系统的完整研发、生产体系以及极致的工法研究。致力于将建筑装修垃圾减少90%、施工效率提高70%、材料节约30%。

目前，整体浴室在国内市场占有率达到80%以上，为中国广大地区乃至世界五大洲范围内超过30个国家和地区的用户服务，向广大用户提供住宅工业化内装整体解决方案。生产能够帮助用户创造价值的产品，降低住宅在建造和使用过程中的能耗和排放，提高人们的居住生活品质，创造更好的社会、经济和环境效益。

4.4.2 企业现状

1）技术特点

采用一体化设计，将住宅内部所有构件进行模数化分解，采用AB工法，即将现场湿作业部分和干法施工部分进行有效分离，降低现场作业的比例，所有装修物料在工厂进行预制生产，形成标准化、通用化的部品部件，准时、准量、准规格配送到现场进行装配式施工，实现了住宅装修部品的标准化、模块化、产业化和通用化，解决了传统住宅装修的诸多矛盾和问题，符合住宅产业化发展趋势和当今“低碳生态环保建筑”的理念，具有如下特点：

（1）内装部品化——实现建筑材料标准化、通用化

将建筑主体和内装材料采用模数化分解，在工厂进行模数化生产，形成标准化、通用化的部品部件，运到现场进行组装，实现住宅部品的工业化生产和社会化供应。

（2）设计一体化——居住功能的全优集约

从满足目标人群对居住功能的需求和面积空间的能效性要求出发，对住宅内部空间进行人性化、一体化设计，实现居住功能的优化和集约。

（3）生产工厂化——部品部件品质稳定

住宅装修所有的部品部件，均进行模数化分解，在工厂进行工业化统一生产，现场干法组装，产品质量和装修工艺质量稳定均一，从根本上提升了住宅性能和品质。

（4）施工装配化——快速、节能、环保

以现场装配式干法施工为主，装修周期短，人工成本低，劳动强度小，施工效率高；现场施工噪声小，施工材料损耗以及建筑垃圾少，节能节材，安全环保。

（5）管理智能化——安全、舒适、便利

集成多种信息化技术，构建住宅设施与家庭日程事务的智能化管理系统，帮助居住者有效安排时间，增强家居生活的安全性、便利性和舒适性，实现环保节能的高舒适度居住生活。

（6）全寿命周期——套型易于更新，适合多种家庭结构

管线分离式安装，户型可根据居住者不同的生命阶段进行调整，实现在住宅全生命周期中持续高效地利用资源、最低限度地影响环境，提高了社会资产的价值。

（7）一站式采购——节约成本，全程无忧

所有部品部件科逸一揽子提供，一站式采购，简化中间环节，节约采购成本，实现预算、决算；全程跟踪服务，避免了传统住宅装修因为采购厂家众多而发生的相互推诿。

2）整体浴室技术

（1）整体浴室

卫生间采用科逸工业化内装核心部品——整体浴室，用一体化防水底盘，组合壁板、顶板构成的整体框架，整合龙头、洁具、五金架等配件形成的独立单元。具备沐浴、洗漱、便溺、收纳等功能或这些功能之间任意组合，实现在有限的空间内达到最佳使用

效果。

（2）产品和技术亮点

优质环保材料。科逸整体浴室采用SMC材料高温高压模压而成，致密度高，易于清洁；无任何甲醛等有害及放射性物质，即装即住，健康环保；触感温润，保温节能；SMC材料防滑绝缘，安全可靠、经久耐用，减少维修费用和二次装修成本。

人性化空间设计。科逸整体浴室设计时全面考虑给水、排水、防水、通风、安全、光环境、热工环境、收纳等八大专业，兼顾安全、空间、功能、适用、美观、经济等多重因素，利用人体工程学对卫生间进行合理布局，优化居住环境。

工厂标准化生产。科逸整体浴室采用3000t大型液压机及精密内导热钢模制造，密度大、强度高，坚固耐用。卫生间流水式作业，工业化生产，产品质量稳定。

干法施工工艺。现场装配式干法施工工艺，无噪声，垃圾排放少，节能环保；安装迅速，2个工人4小时即可装配完成一套整体浴室，节约了劳动成本，解决了传统卫浴装修的诸多矛盾和问题。

专业防水技术。整体浴室一体化专业防水盘，独特的翻边锁水设计，从结构上解决传统浴室渗漏隐患，真正做到滴水不漏；同时配备科逸专利高存水防臭地漏，有效阻止地漏主体内的污水回流，防臭、防堵，让卫生间时刻保持干净清爽。

专利彩色耐磨技术。科逸专利防水盘彩色耐磨技术（专利号：2009102586543），比市场上一般的整体浴室底盘更耐磨，更耐酸、碱腐蚀，更耐老化，提高产品使用寿命和使用价值的同时也丰富了外观，满足了人们的个性化要求。

同层排水技术。科逸整体浴室采用同层排水技术，实现在同一楼层内部整体浴室底盘下方空间内完成排水管件的布局，减轻楼体承重负担，减少穿楼板带来的渗漏隐患，降低排水噪声，减少因渗漏水而产生的邻里纠纷，同时满足用户对卫生洁具布置个性化的要求。

一站式采购模式。浴室的地板、墙板、门、顶棚、包括洁具、龙头、镜子、五金、灯、排气扇等18类浴室部件，全部由科逸整体提供，一站式采购，价格透明，科逸全程售后服务，便捷省心。

3）整体厨房技术

（1）整体厨房

厨房采用科逸工业化内装核心部品——整体厨房，突破传统“整体橱柜=整体厨房”的“伪整体厨房”概念，综合考虑厨房开间内的所有装修问题，集成整体墙面、整体地面、整体顶面、整体橱柜、水电系统等，采用创新干法施工工艺，提供了全方位的整体厨房解决方案，从根本上解决了传统厨房装修中墙、地、顶手工湿法施工带来的问题，让厨房装修更省心。

（2）产品和技术亮点

创新科耐板墙面。轻质高强，坚固耐用，表面致密度高，防水性、耐污性强，质感光洁，更易清洁，色彩繁多，满足个性化需求。

创新软性石材地面。与德国知名企业合作开发，采用全新软性石材，具有抗划痕、不易渗透、无污染、耐用、美观、易于打理的特性，独特扣板式安装技术，干法铺设，避免了传统瓷砖铺设的各种弊端。

创新一体式CMMA台面。全新CMMA材料，机械加工性能良好，前后挡边一体化全新设计，高温高压一次性模压成型，耐油耐污性能优异，具有致密度高、耐磨环保、无毛刺、无焦痕、耐高低温、不易开裂等优点，餐具级树脂基体，全新工艺，无玻纤填充，无甲醛无辐射，无接缝避免细菌滋生，健康环保。

创新干法施工工艺。采用创新干法施工工艺，将工厂标准化生产的所有部品部件运到现场进行拼装，施工周期短，工程质量高，综合成本优，建筑垃圾少，材料损耗少，售后服务好，健康环保，省心无忧。

创新整体采购模式。一揽子提供厨房的地板、墙板、顶板、橱柜、电器、灯具等所有部件，整体采购，节约成本，全程售后服务，让装修采购更加省力、省心、省钱。

4）智能家居系统

（1）科逸智能家居系统解决方案

科逸智能家居系统以住宅为平台，将住宅部品与智能家居部件一体化有机结合，利用家居生活相关的网络通信、安全防范、自动控制、条件判断等先进技术，集成智能门禁、智能安防、家电控制、智能窗帘、智能水气、智能影音、灯光场景控制等众多子系统，构建智能化的住宅设施与家庭日程事务的综合管理系统，实现家居生活的信息化、智能化控制和管理。

（2）系统功能特点

安全。安防报警配合远程监控，集成防盗、防劫、防火、防燃气泄漏等多种功能，轻松实现家庭智能安防。

安心。门锁同时支持手机遥控图案解锁、指纹、密码、电子钥匙和机械钥匙等多种方式，解除忘带钥匙的后顾之忧；智能场景控制，离家模式一键关闭所有的灯光、电器，放心离家。

舒适。预设条件逻辑判断，通过场景智能控制家庭设备，大风、下雨自动关窗，离家自动关闭门窗等，让家居生活舒适便利的同时，实现环保节能。

便捷。系统扩展性好，安装快速，操作管理便捷，支持分机管理，既满足个性化需求，又保护了私密性。

5）其他技术体系

（1）木作收纳系统

采用科逸整体木作收纳系统，科逸基于多年来对住宅内部空间的深入研究，携手日本HOUSETEC建立中国研发团队，吸收日本先进的设计研发理念和产品生产、管理技术，结合中国居住者的实际使用需求和使用习惯，突破传统拼凑式集成产品设计、品质难统一的难题，人性化设计全屋收纳系统，引进德国豪迈橱柜木作生产设备，保证了材质、设计与品质匹配问题，为住宅收纳提供了功能、设计、品质的一体化解决方案，实现了有限居住空间的充分利用。

（2）管线系统

摒弃传统切槽模式，将管线部分预埋在墙体之间，管线分离的安装方式，便于部品部件的后期检修、更换，实现住宅全寿命周期的维护。

（3）隔墙、地面系统隔墙采用新型节能墙材料，地面采用新型复合地砖，公母榫设计，干法拼装工艺，施工快捷，避免材料浪费，减少建筑垃圾，节约装修成本。

4.5 博洛尼集团

4.5.1 企业简介

博洛尼公司的前身科宝公司1992年创立于北京，以做排烟柜、厨房电器起步，随着房地产市场及住宅装修家居行业的发展而发展；1999年进入整体厨房业，2000年开始在直接渠道以外以特许授权的形式铺设间接渠道。

2005年收购意大利博洛尼公司，将公司更名为博洛尼家居用品（北京）有限公司，将“科宝·博洛尼”品牌拆分成科宝与博洛尼两个主品牌或家族品牌，以博洛尼作为公司品牌；同年博洛尼公司与德国钛马赫公司达成技术转让协议，引入钛马赫品牌，形成了分别以钛马赫、博洛尼、科宝的主品牌销售整体厨房、内门、衣帽间、整体卫浴、软装饰品等产品，以钛马赫别墅家装、博洛尼整体家装、科宝入住家装的产品品牌提供整体解决方案的局面，完成了博洛尼公司在住宅装修及家居行业中对产品线的布局，并成功地将钛马赫品牌定位为顶级品牌，博洛尼品牌定位为中高端品牌，科宝品牌定位为中端品牌，全力打造博洛尼公司住宅装修及家居行业整体解决提供商的品牌形象。2005年博洛尼全球首创家居体验馆，将家居行业带入体验时代，北京50家门店，拥有总面积超过20000m²的三大家居体验馆，遍及全中国约200个城市。目前博洛尼服务的客户，已经突破100万。

2012年博洛尼公司将法尼尼品牌重新激活，重新进行品牌定位与品牌包装，创建新的品牌MOODO，并代理引进了世界顶级品牌VALCUCINE、OIKOS、Rimadesio，将自身的品牌组合战略进行了完善，最终形成了涵盖两大业务范围（装修及木作产品）、两大业务模块（B2B和B2C），以整体厨房、整体收纳、整体木作为核心产品，以咨询、规划、设计等为延伸产品的产品体系，并形成了由钛马赫别墅家装及九朝会新中式家装（定位高端）、博洛尼整体家装（定位中高端）、科宝入住家装（定位中端）所组成的装修类的多品牌组合以及由VALCUCINE、OIKOS、Rimadesio（定位顶级）、MOODO、法尼尼（定位高端）、博洛尼（定位高端）、科宝（定位中端）所组成的产品类的多品牌组合。

博洛尼20年间服务100万橱柜用户，10年来服务40万家装用户。2009～2012年，连续4年获得中国房地产协会颁发的“中国地产500强首选品牌”。2008～1012年，4次荣获“精瑞科学技术奖——房地产开发创新奖”。2012年9月，获得2012年中国厨柜绿色环保产品称号。

2012年6月，国家住宅产业化基地落户博洛尼集团。

4.5.2 工业化精装特点

1）工厂化，也称产品化。首先用专业、现代化的工厂大规模批量生产整体厨房、整体卫浴、木作系统、顶地隔墙、管线、设备等部品。然后用经过严格标准化培训后的产业化工人对工厂化部品进行现场安装、装配，替代传统装修的水、电、木、瓦、油等传统工人的现场作业。无疑，与传统装修相比，工厂化精装修会大大提升产品品质和现场作业的效率，并保证成本、工期。

目前，博洛尼的厨房、卫浴、PCID墙体及整体木作系统已经实现了工厂化生产及安装。其中，PCID墙体系统是博洛尼2010年推出的核心技术，它具有四大特征：

（1）墙体系统产品化（product）。整个墙体系统实现产品化，通过标准化生产线进行生产，工厂化作业，实现装修过程的节能环保，大幅度缩短现场操作工期、降低现场管理难度及对现场安装工人技术水平的依赖度，更符合SI住宅住装分离的工厂化生产要求。

（2）墙体系统自由化（cycle）。传统的墙体系统技术在进行二次装修时虽不会破坏原建筑体，但拆除后的墙体系统因为不可移动，拆卸时不可避免地被破坏，无法再次使用。博洛尼工厂化（PCID）墙体系统，加入“墙体系统可变空间处理”技术，解决了这一问题，即使多次装修，原有墙体系统可实现多次循环使用，如板式家具一般可自行装卸。

（3）墙体家具一体化（intergration）。在建筑规划时，就开始进入部品设计进程，墙体不但是墙体，更与木作产品形成了一个整体系统。如当木作系统中的衣柜与墙体结合时，可选择由墙体系统本身代替衣柜后壁板，与衣柜进行有机整体的结合。

（4）墙体材质多样化。通过对墙体系统结构的优化，墙体的装饰材料有了更多选择，如石材、玻璃、丝绒、皮革、木材质等多材质组合，可根据不同的装饰风格，更大限度地提高装饰效果。

2）标准化，也称批量化。标准化带来批量化，大幅度降低成本；装修工期与建筑施工同步提升，结构封顶一个月后交楼；标准统一，工厂化质量控制，质量稳定可靠。值得特别指出的是，保障房大规模建设，尤其是公租房建设规划的推进，为工厂化精装修实现标准化、批量化生产提供了良好的契机。

3）平台化，也称模块化定制。这是工厂化精装修的高阶阶段，其最突出的特点是可以定制户型、装修风格、部品款式和配置、材料的类别和颜色等。但这一阶段对建筑标准化的要求非常高。目前，博洛尼的中国厨房豪华配置体验中心推出了60项厨房配置的个性化定制解决方案，其中包括保障安全实用的18项标准配置、揭示舒适便捷的21项中级配置及定义尊崇享受的21项豪华配置。

4.6 内装类企业的问题

4.6.1 装配式内装未能覆盖住宅各功能区域

现有的内装类企业仍然以传统家居装修业务为主，特别是集中在整体卫浴与整体厨房装修，也有少量空调系统，未能在住宅各功能区域全部实施。

4.6.2 内装类设计未能与项目设计有效融合

内装的各类功能设置和产品要求在设计阶段未能被充分考虑，同时受限于设计人员进行设计时选择产品的权限，内装的设计与项目整体设计较为脱节。

5 市场主体发展建议

1）引导各类企业主体依据自身优势设定在装配式住宅产业中的发展定位，鼓励企业有序竞争。

2）采取政策保障、财政补贴、税费减免等多种措施支持企业开展装配式住宅工程总承包。

3）完善现行项目建设管理方式，简化设计招投标、规划、人防、消防、建筑产业化专项审批。

4）完善产业链条衔接协调机制，通过学会协会、产业联盟等多种组织方式，衔接项目业主、开发建设企业、设计企业、构件企业、内装企业、质量监管等多主体协同。

5）加强装配式住宅技术研究，组织技术人员编制生产工艺标准、施工工法。

6）完善装配式住宅标准体系，强化建筑材料标准、部品部件标准、工程建设标准之间的衔接，强化相关标准的执行力度。

7）加强技术交流与人员培训，提升行业内设计水平以施工人员的专业能力。

8）采用装配式住宅的预评价和后评价机制，与相应政策连接起来，推动装配式住宅在保障性住房之外其他项目上的推广。

下篇

对策篇

导语

下篇是在上篇试点城市和市场主体专题调查的基础上，提炼了装配式住宅产业发展的技术、标准、市场、人才等要素，梳理了产业链的规划、设计、施工、装修等流程；针对各发展要素和流程环节，分析其发展现状及存在的主要问题，通过研究国内外经验，对既有政策进行了分析并提出了相关政策建议。

1　顶层设计和发展规划

1.1　发展现状及研判

1.1.1　发展历程

纵观我国装配式建筑的发展历程，可以大致可以分为以下四个阶段：

第一阶段，初步推进期（1950~1978年）

在新中国成立后第一个五年计划初步建立了的工业基础上，为满足新中国成立初期大规模建设需求，提高劳动效率，1956年国务院发布了《关于加强和发展建筑工业的决定》，在新中国的历史上首次提出了“三化”，即设计标准化、构件生产工厂化、施工机械化，明确了装配式建筑的发展方式。在这个阶段：初步建立了装配式建筑技术体系，如大板住宅体系、大模板住宅体系和框架轻板住宅体系；同时形成了一批构件厂，如北京市第一和第二构件厂。

第二阶段，发展起伏期（1978~1998年）

20世纪70年代末到80年代末是装配建筑快速发展期；80年代末到90年代末是发展停滞期，整体而言这一阶段是装配式建筑发展的起伏期。

20世纪80年代，我国装配式建筑加速发展，标准化体系快速建立，北方地区形成了通用的装配住宅体系技术。80年代末期，由于经济社会的快速发展和人民生活水平的提高，原有产品规格不能满足日益多样化的需求，原有大板建筑的防水、保温等物理性能弊端显现，引起用户不满，装配式建筑一时止步不前。

1983年全国竣工面积为136万m²，到1991年降至仅为几千平方米。90年代初期，我国建筑工业化的发展和研究几乎完全停滞，建筑工业化相关企业亏损严重。

这期间主要的成就有：①装配式建筑标准规范体系初步建立，如颁布的《装配式大板居住建筑设计和施工规程》；②模数标准与住宅标准设计初步形成，如《住宅厨房和相关设备基本参数》和《全国通用城市砖混住宅体系图集》等。

第三阶段，发展提升期（1999~2010年）

1999年，国务院办公厅发布了《关于推进住宅产业现代化提高住宅质量的若干意见》(国办发〔1999〕72号文)，明确了推进住宅产业现代化工作的指导思想、主要目标、重点任务、技术措施和相关政策，提出"加快住宅建设从粗放型向集约型转变，推进住宅产业现代化，提高住宅质量，促进住宅建设成为新的经济增长点"。该文件标志着我国住宅产业化新的发展时期的到来，对促进我国住宅产业的健康可持续发展具有重大意义。

由于施工现场湿作业引发的问题，如传统人工支模劳动强度大、施工现场污染严重、质量不稳定等，以及绿色建筑的兴起，城市环境和建筑环境改善的需求，人们认识到现场手工作业为主的传统建设方式不可持续。从建筑业转型发展的角度出发，装配式建筑的发展重新引起了关注，为了有别于过去的大板建筑，装配式结构体系应运而生。

这一时期国家重新明确了推动装配式建筑的目标、任务和保障措施，建立了专门的推进机构，以住宅产业化工作为抓手，大大提高了住宅质量和性能。主要发展成就有：形成了以试点城市探索发展道路的工作思路；推动建立了一批国家住宅产业化基地；初步搭建了住宅部品体系；装配式混凝土体系开始发展。

第四阶段，全面发展期（2011年至今）

《国民经济和社会发展第十二个五年规划纲要》提出，"十二五"时期全国保障性安居工程建设任务为3600万套，由于保障性住房是以政府主导、以标准化为特点，保障性住房为装配式住宅创造了历史性的发展机遇。在此背景下，国家出台了一系列推进装配式建筑发展的政策文件，营造了良好的发展环境。住房城乡建设部主导在标准、政策、试点示范方面进行了卓有成效的工作，以国家住宅产业现代化综合试点城市、国家住宅产业化基地、示范项目、部品认证等为抓手，有力推进了装配式建筑和住宅产业现代化工作健康有序的发展。

同时，地方政府从各自需求与发展特点出发，陆续建立了专职机构，出台地方标准和政策，推进保障房试点项目建设，探索出了"土地供应倾斜""面积奖励""成本列支""资金引导"等一系列卓有成效的措施。这一阶段主要成果包括：政策体系逐步完善，技术体系初步形成，行业内生动力持续增强，市场逐步形成，示范效果明显。

2015年，中国城市工作会议提出要加大推动建造方式创新，以推动装配式建筑为重点，通过标准化设计、工业化生产、装配化施工、一体化装修、信息化管理、智能化应用，促进建筑产业转型升级。之后的《中共中央国务院关于进一步加强城市规划建设管理工作的若干意见》（中发〔2016〕6号）、《关于大力发展装配式建筑的指导意见》（国办发〔2016〕71号）等一系列政策措施的发布为我国装配式建筑迎来全面发展期。

随着政策支持力度的加强和技术标准体系的快速完善，装配式建筑新开工面积快速增长，一些地区特别是示范城市已经形成规模化格局。据不完全统计，2012年以前全国装配式建筑累计开工3000多万m^2，2013年约1500万m^2，2014年约3500万m^2，2015年约7260万m^2，2016年达到了约1.1亿m^2。

1.1.2 研判

我国的装配式住宅从顶层设计到政策支持方面，显示出以下特点：

1）顶层制度框架已基本形成

大力发展装配式建筑已上升成为推进社会经济发展的重要战略，以下为近十多年国家、行业层面发布的顶层政策：

1999年，建设部联合八部门制订了《关于推进住宅产业化提高住宅质量的若干意见》。

2006年，建设部住宅产业化促进中心颁布《国家住宅产业化基地试行办法》（建住房〔2006〕150号）。目的是通过产业化基地的建立，培育和发展一批符合住宅产业现代化要求的产业关联度大、带动能力强的龙头企业，发挥其优势，集中力量探索住宅建筑工业化生产方式，研究开发与其相适应的住宅建筑体系和通用部品体系。

2014年，国务院出台《国家新型城镇化规划（2014年—2020年）》，明确提出“大力发展绿色建材，强力推进建筑工业化”。

2015年，《建筑产业现代化发展纲要》对装配式建筑发展作了长期规划。

2016年2月，《中共中央国务院关于进一步加强城市规划建设管理工作的若干意见》（中发〔2016〕6号）要求“积极推广应用绿色新型建材、装配式建筑和钢结构建筑”，明确提出装配式建筑“用10年时间实现占新建建筑30%”的发展目标。

3月，《中华人民共和国国民经济和社会发展第十三个五年规划纲要》正式发布，“提高建筑技术水平、安全标准和工程质量，推广装配式建筑和钢结构建筑”被明确列为发展方向。

同时装配式建筑首次写入《政府工作报告》。

9月，国务院发布《关于大力发展装配式建筑的指导意见》（国办发〔2016〕7号）。

2017年1月，国务院发布了《国务院关于印发“十三五”节能减排综合工作方案的通知》（国发〔2016〕74号）提出了实施绿色建筑全产业链发展计划，推行绿色施工方式，推广节能绿色建材、装配式和钢结构建筑。

2月，国务院办公厅发布了《国务院办公厅关于促进建筑业持续健康发展的意见》（国办发〔2017〕19号），提出了坚持标准化设计、工厂化生产、装配化施工、一体化装修、信息化管理、智能化应用，推动建造方式创新，大力发展装配式混凝土和钢结构建筑，在具备条件的地方倡导发展现代木结构建筑，不断提高装配式建筑在新建建筑中的比例。

3月，住房城乡建设部发布的《“十三五”装配式建筑行动方案》重在落实，针对要突破的装配式建筑发展瓶颈，指导各地政府的实际操作。

2）规模化发展格局逐步形成

2001年建设部批准建立“国家住宅产业化基地”，并于2006年开始试运行，通过产业化基地加强科研攻关、形成技术创新体系、发展新型装配住宅建筑体系。住宅产业化基地负责相关标准规范的编制工作以及政策的研究工作，对产业化基地的先进技术、成果推广应用进行支持和引导，最终形成由研发到应用的全生命周期市场推进机制。2016年，我国住宅产业化基地已经达到47家、综合城市试点11家、国家示范基地2家、房地产开发企业和结构体系研发企业30余家。2017年，住房和城乡建设部公布了第一批30个装配式建筑示范城市和195个产业基地名单，进一步推进了装配式建筑的地域布局和产业链格局。

3）标准规范体系已基本健全

我国装配式建筑技术标准一直受到重视，尤其近3年来，为支持装配建筑的全面发展，国家密集出台了一系列标准规范：

2014年出台《装配式混凝土结构技术规程》；

2015年出台《装配整体式混凝土构技术导则》和《工业化建筑评价标准》；

2017年完成三大技术标准《装配式混凝土建筑技术标准》GB/T 51231、《装配式钢结构建筑技术标准》GB/T 51232、《装配式木结构建筑技术标准》GB/T 51233；

2018年完成《装配式建筑评价标准》GB/T 51129-2017。

据不完全统计，截至2016年，全国出台或在编装配式建筑相关技术标准规范约200项，其中行业标准14项、地方标准130余项、企业标准60余项。包括了装配式混凝土结构、钢结构、木结构和内装修等多方面内容。

这些技术标准的出台，标志着我国已经基本建立了装配式建筑标准规范体系，为装配式建筑发展提供了坚实的技术保障。

4）试点和示范城市成效明显

从2001年到2016年底，全国先后批准了11个国家住宅产业现代化综合试点城市、59个示范基地，起到了先行先试作用，为全面推进装配式建筑打下了良好的基础。主要表现在从供给侧和需求方双向培育装配式建筑市场，并构建装配式建筑全产业链。从供给方面，通过出台一系列鼓励政策文件，培育和引导龙头企业，快速形成供应能力，如万科集团、北新集团、正泰集团等；从需求方面，通过鼓励或强制政策，在政府投资工程、保障性住房以及商品房中开展试点项目建设。

试点城市和基地企业完成的装配式建筑面积占全国总量的85%以上，为装配式建筑的发展提供了政策和项目支持，培育了市场，促进了产业链的形成和集聚，发挥了很好的示范带头作用。

1.2 主要问题及分析

虽然近几年我国装配式建筑发展已经取得了显著的成果，但也要清醒地看到，现阶段我国装配式建筑与发达国家和地区相比，在政策、市场、管理、技术等顶层设计与规划方面还存在较大差距，具体表现在以下几个方面：

1.2.1 法律法规尚不完善

目前，政策性文件如《绿色建筑行动方案》（国办发〔2013〕1号）、《中共中央国务院进一步加强城市规划建设管理工作的若干意见》（中发〔2016〕6号）、《关于大力发展装配式建筑的指导意见》（国办发〔2016〕71号）着力推广装配式建筑，但这些政策的落实情况不容乐观，由于约束力并不强，很多企业并没有严格按照要求执行，影响了装配式建筑的发展。一些地方如北京、上海、深圳、沈阳、江苏、四川等省市也提出了地方的装配率和推进措施，但很多都是集中在政策性住房，对商业建筑的约束力不够强，指导性不够。

法规政策的完善是建筑工业化顺利实施的必要保证，然而目前我国建筑工业化或住宅产业化相关的国家层面的法律规范还屈指可数。现行法规大部分是针对建筑业传统现场浇筑生产方式制订的，不利于建筑工业化的发展。例如《中华人民共和国建筑法》中规定只有设计单位在取得资质证书后才可以从事建筑设计活动，而从事构件实际生产和装配施工的相关企业却往往不具备构件设计资格，这就导致构件、部品的设计不能很好地适应其生产和使用。

各省、市装配式建筑政策都划定了装配式建筑实施范围，把住宅、特别是保障性住房作为重点实施对象，都对装配化程度做出了明确要求，制定了扶持政策，只是在强制实施程度、扶持力度以及激励政策落地程度上有所不同。各地对装配式建筑的定义不尽相同，有些地方未强制要求装配式全装修成品交房；对装配化程度的定义也各不相同，有的地方称为预制率、装配率，有的地方统称预制装配率，且计算方法也各不相同。

1.2.2 经济政策尚不完善

现代企业的发展很大程度上都是以利益驱动为导向，虽然装配式建筑的科技含量高，运用的先进施工技术和管理模式保障了建筑工程的质量，保护了环境，节约了资源，但是我国装配式建筑的发展还处于起步阶段，装配式建筑的概念还没有深入经营管理者，大多数公司企业都还在摸索，技术不成熟，管理模式落后，很大程度上影响了成本的控制，很多不可控因素都会影响最终建筑的成本，所以导致很多企业不愿发展装配式建筑。

当前对装配式部品部件生产企业优惠政策不足，在规划审批、土地供应、财政金融等方面出台政策的实质性吸引力不够，导致开发、生产、施工企业推进装配式建筑的积极性不高。如果没有长效的、针对性强的激励政策，促使企业探索研究装配式建筑，装配式建筑的政策依旧难以落地。

1.3 国内外经验借鉴

1.3.1 日本

日本装配式建筑木结构占比超过40%；多高层集合住宅主要为钢筋混凝土框架（PCA技术）；工厂化水平高，装修集成、保温门窗等；立法来保证混凝土构件的质量；由于地震烈度高，装配式混凝土减震隔震技术应用广泛。

20世纪60、70年代出台的《建筑基准法》成为真正在日本开始大规模推行产业化的时间节点。因为从该法案颁布起，政府开始真正制定产业政策，包括对于生产构建安全性的评定以及结构整体安全性的约定规范。事实证明，当时日本政府大力促进住宅标准体系、性能认定体系以及住宅的部品工业化标准的完善，成为日本住宅产业化大规模兴起的保障前提。日本主要经验如下：

1）高度重视科学技术在生产力中的应用

日本在发展建筑工业化的过程中，一直都着重于技术的研发，探索适合本国国情的发展路径及制定相关政策。为保证标准化和部件化的实现，日本组织并鼓励专家开展研究以建立统一的模数标准。同时在技术开发中引进住宅技术方案竞赛制度，充分调动各企业技术研发的积极性。工业化的发展必须依赖于科学技术。

2）充分发挥政府的宏观调控职能

日本在发展工业化过程中，不断地调整其产业结构。在整个工业化进程中，日本政府制定了若干的五年计划，有计划地促进工业化的发展。

1.3.2 美国

美国的住宅产业化是伴随着建筑市场的发育而成熟的。随着居民生活水平的提高及轻钢结构住宅技术的突破，产业化住宅在性能和成本上渐显优势，由市场完成了传统住宅产业向产业化的过渡。在美国住宅产业化的实现中，市场机制发挥了绝对的主导作用，而政府的宏观引导只是一种辅助工具。

经历了近百年的进程以后，美国的住宅工业化高度发达，现已进入后工业化时代，虽然我国的发展模式与美国不同，但其在工业化进程中的做法和颁布的制度仍可为我国的工业化建设提供一定借鉴：

1）正确处理政府引导和市场调节的关系

美国住宅工业化取得的成功与政府的调控作用密不可分。在工业化发展过程中，美国政府并不是完全任由其自由发展，而是在必要的时候会对其进行调控，使政府引导与市场调节有机结合，这不仅有利于政府作用的发挥，而且对工业化市场有很大的促进作用。

宏观调控。主要是以实物、金融奖励等补贴工业发展，并设立专门管理机构等，通过各种金融手段促进工业化进程。同时，在推进工业化进程中，全面放开市场能够调节的领域；对市场没有能力调节的领域，则积极发挥政府作用，以保证经济正常运行。

制度选择作用。在美国工业化过程中，制度选择发挥了非常重要的作用。恰当的制度选择推动了美国工业化的发展，如土地私有制度、发明专利制度等均对工业化的发展产生了重大影响。

市场调节作用。美国的工业化过程也是市场不断发育、范围不断扩大的过程，因此工业化的推动必须重视市场化的作用。

2）正确处理经济政策和科技政策的关系

人类现代社会进步的推动力量已非科学技术莫属，各国促进经济快速发展的重大战略便是不断创新。美国建国百年以后就迅速赶超了欧洲各国，成为头号资本主义国家，并且在20世纪其经济一直领先于世界水平，主要是因为美国完善的科学技术创新体系推动了经济的发展。

3）正确处理产业结构升级和各产业协调发展的关系

美国的工业比重超过农业，完成了工业化的产业结构升级，这是在各产业相对协调发展的基础上完成的，促进了各产业间相互的推动。

1.3.3 新加坡

新加坡装配式住宅的发展得到了国家的重视与支持。新加坡独立几十年来，其组屋制度一直在有效运转，这与政府的支持、相关建屋机构对制度的执行、民间对该机制的信任都是分不开的。新加坡的单独机构“建屋发展局”主要负责公共住房，集中协调，统一推进。建屋局承担着组屋发展的重要责任。新加坡政府在土地、财政和立法也均给予了鼎力支持。新加坡积极推进政府公共住宅的土地供应，国家为政府组屋的运作提供巨额津贴、投入大笔资金，保障项目的实施和质量。

国外在建筑工业化的过程中，其技术支撑有三种模式：一是建立技术标准实现建筑工业化；二是通过理念落地实现建筑工业化；三是通过外来技术本地化实现建筑工业化各国技术支撑体系如图3-1-1所示。

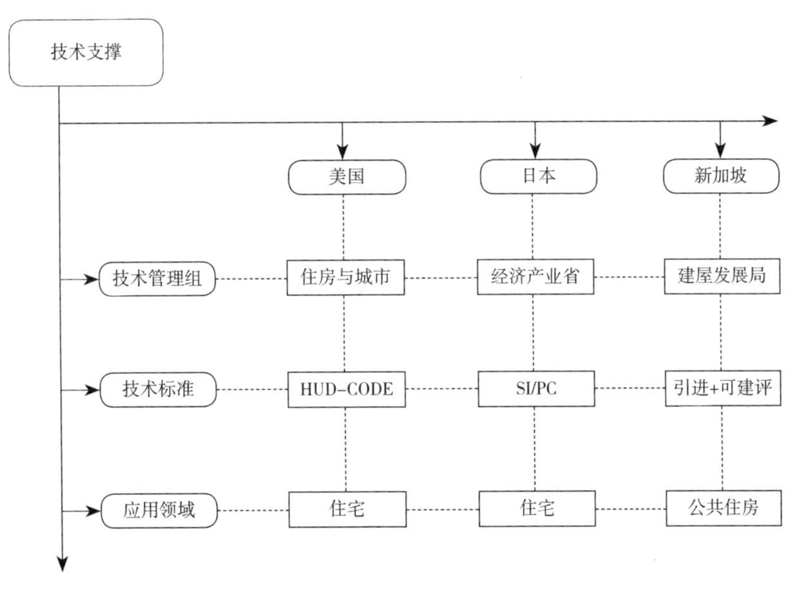

图3-1-1 各国技术支撑体系

1.3.4 中国示范城市

1）北京的主要经验

（1）制定了明确的住宅产业化及装配建筑的总计要求及奖励办法。2010年北京发布《关于推进本市住宅产业化的指导意见》（京建发〔2010〕125号），该意见明确了推进住宅产业化的指导思想、基本原则、目标任务并规定了主要措施，北京市住宅产业化工作得以全面推动。紧接着北京又发布了《关于产业化住宅项目实施面积奖励等优惠措施的暂行办法》(京建发〔2010〕141号),明确在专家认定评审通过以后,对产业化住宅实施面积奖励,并对具体的奖励措施做了规定。

(2)制订了技术咨询、评审和质量保障的机制。《北京市住宅产业化专家委员会管理办法》重点规范住宅产业化专家委员会工作,充分发挥其作为技术咨询服务人员的作用,同时也可以提高政府的决策水平。《北京市产业化住宅部品使用管理办法(试行)》,公布了"北京市产业化住宅部品认证产品目录",并建立了以该目录为主要考核手段的管理制度。

(3)以保障性住房为主推进装配建筑的发展。北京市出台了《北京市住宅产业化工作联席会议制度》,对各部门的职责做了规定,通过建立联动机制的途径,统筹规划、指导协调住宅产业化工作。北京市还起草完成了《住宅产业化工程质量监督办法》《北京市全装修管理办法》等文件。北京通过不断完善政策体系和推进机制,推进产业化的工作,并保障工作的落实。

2)上海的主要经验

(1)明确指定近期住宅产业化发展的目标及重点工作。2011年上海市制定了《关于"十二五"期间加快推进住宅产业现代化发展节能省地型住宅的指导意见》(沪府办发〔2011〕45号),明确"十二五"期间住宅产业化发展的目标、任务等。其主导思想是以住宅资源能源节约和综合性能提高为总体目标,重点建设保障性住房(包括廉租住房、经济适用住房等),全面推广以建筑节能为主的"四节一环保"技术。

(2)制定了系列奖补政策。上海市还出台了《关于本市鼓励装配整体式住宅项目建设的暂行办法》对装配式整体住宅进行政策鼓励,主要包括:预制外墙不计入规划建筑面积;建筑节能专项扶持资金支持等内容。

(3)鼓励推装配式建筑,并提出了详细的量化要求。《上海市保障性住房建设导则》和经济适用住房、公共租赁住房设计导则等文件中也都倡导工业化的建造方式。如《上海市保障性住房建设导则》规定保障性住房建设应遵守低碳、环保、可持续的基本原则,大力发展住宅产业现代化,倡导工业化生产方式,建设节能环保型建筑。

1.4 既有政策分析及建议

1.4.1 既有政策分析

我国装配式建筑产业的顶层制度框架已经基本形成,规模化发展格局初步显现,标准规范体系已经基本健全。制定了促进装配式建筑发展的政策措施，加大了财税等政策支持力度。明确了装配式建筑相关产业享受国家新兴产业中的节能环保项目优惠政策，列入节能减排综合财政政策支持范围，部品部件纳入国家节能环保目录。加大了装配式建筑科研和推广工作资金投入。

1.4.2 建议

国家层面应引导装配式建筑行业继续深化供应侧结构改革，完善装配式建筑产业发展政策体系。根据我国实际需求，优化顶层设计和规划，科学合理进行产业布局。

（1）完善建筑法案，明确装配式建筑实施主体责任与要求。

（2）出台系列奖补措施激励建筑企业进行技术创新和技术研发。

（3）对采用装配式新技术、新产品的项目予以税费优惠。

（4）进一步加大装配式住宅在政策性保障房中的推进力度。

2 技术体系

2.1 发展现状及研判

2.1.1 发展现状

1）按照材料划分的技术体系初步建立

装配式建筑的技术体系是涵盖了建筑建造技术和环境技术在内的技术概念，其中建造技术包括了材料技术、结构技术、构造技术、设备技术和施工技术，环境技术包括了物理环境技术、建筑安全系统和绿色建筑体系。

装配式建筑中装配式混凝土结构体系、钢结构体系等目前都得到了一定程度的研发和应用，每种类型的建筑又发展出各具特色的技术体系，部分单项建造技术和产品的研发已经达到国际先进水平，除此以外，相关的绿色建筑技术等也在大力发展。

装配式建筑技术体系 **表3-2-1**

技术体系分类	细分体系		应用、适用情况
装配式混凝土结构技术体系	装配剪力墙结构	装配整体式剪力墙结构（竖向钢筋连接方式：套筒灌浆连接、搭锚搭接连接）	应用较多，适用高度最大
		叠合剪力墙结构	应用多层建筑或低烈度区
		多层剪力墙结构	应用较少，高效简便，前景广阔
		现浇剪力墙+预制外墙、楼梯、楼板、隔墙	南方应用多，预制装配化程度较低
	装配式框架结构	装配整体式框架结构体系框架	适用于低层、多层和高度适中的高层建筑，较少应用于住宅
		柱现浇，梁、楼梯、楼板等预制（初级技术体系）	
	框架—剪力墙结构（按照预制构件部位划分）	装配整体式框架—现浇剪力墙结构结构	易实现大空间和较高的适用高度
		装配整体式框架—现浇核心筒	
		装配整体式部分框支剪力墙结构	
装配式钢结构技术体系	钢框架体系	单一抗侧力体系，变形较大	多层住宅、低烈度区的小高层住宅
	钢框架-支撑体系	双重抗侧力体系，单一材料，时间成本低，经济性较好，装配化程度高	高层、超高层住宅
	钢框架-核心筒体系	双重抗侧力体系，两种材料结合，施工中有交叉作业，时间成本高，无法实现预制全装配	
	钢框架模块-核心筒体系	装配化程度高，但对施工精度和质量管理水平要求高，目前国内较难实现	
	钢框架-剪力墙体系	双重抗侧力体系，外围钢框架承担竖向力；剪力墙可采用钢筋混凝土剪力墙，也可采用钢板剪力墙，钢板剪力墙包括组合钢板墙、防屈曲钢板墙和开缝组合钢板墙等	
	钢管束剪力墙体系	新型结构形式	
装配式木结构技术体系	装配式纯木结构	—	低层、多层住宅
	装配式木组合结构	与钢结构组合的混合木结构	
		与钢筋混凝土结构组合的混合木结构	
		与砌体结构组合的混合木结构	
		钢筋混凝土结构中采用的木骨架组合墙体系统	

续表

技术体系分类	细分体系		应用、适用情况
装配式木结构技术体系	装配式木混合结构	上下组合叠层木结构	低层、多层住宅
		水平组合木结构	
		平改坡屋面系统	

2）按照功能划分的技术体系逐步完善

装配式混凝土建筑，按业内普遍认可的“四分法”，主要由结构系统、外围护系统、内装系统、设备与管线系统的主要部分采用预制构（部）件部品集成装配建造而成。

3）各企业专有技术体系处于大发展

专用体系是以技术、管理为基本内核，将生产活动的资源与能力系统集合，形成适合企业特有的设计、生产、运营与管理体系，是企业的核心竞争力。专用体系具有价值性、系统性、不可替代性和不可复制性，典型的如日本鹿岛、大和等具有自己企业的专用技术体系。

装配式建筑采用建筑通用体系是实现建筑工业化的前提，现阶段部分龙头企业已经具备专有技术体系，在实际应用中虽可相互借鉴，但也存在着冲突，削弱了技术体系的优化和通用性。

4）装配式混凝土技术占据绝对地位

目前的装配式混凝土技术体系从结构形式主要可以分为装配整体式混凝土剪力墙结构、装配整体式混凝土框架结构、装配整体式框架—现浇剪力墙结构、装配整体式框架—现浇核心筒结构、装配整体式部分框支剪力墙结构，不同结构都有最大适用高度、最大高宽比和抗震等级限制，由此发展了套筒灌浆连接技术、浆锚搭接连接技术等。

（1）剪力墙结构

由于装配式剪力墙结构在国外很少应用到高层建筑，因此我国的装配式剪力墙结构是在借鉴大板建筑和国外引进的一些钢筋连接、节点构造技术基础上自主研发的结构体系。剪力墙结构体系在我国的建筑市场一直占据重要地位，尤其是在住宅中的结构墙和分隔墙兼用，以及无梁柱外露等特点得到市场的广泛认可。总体应用较多，适用建筑高度较大。目前叠合板剪力墙主要应用于多层建筑或者低烈度区的中高层建筑中。多层剪力墙结构目前应用较少，但基于其施工高效、简便的特点，在低层、多层建筑领域中前景广阔。框架结构连接节点单一、简单，结构构件的连接可靠，方便采用等同现浇的设计概念；布置灵活，容易满足不同的建筑功能需求；结合外墙板、内墙板及预制楼板或预制叠合楼板应用，预制率可以达到很高水平，适合建筑工业化发展。由于技术和使用习惯等原因，这种结构的适用高度较低，适用于低层、多层建筑，其最大适用高度低于剪力墙结构及框架—剪力墙结构。

2）框架—剪力墙体系

兼有框架结构和剪力墙结构的特点，体系中的剪力墙和框架布置灵活，易实现大空间，适用高度高；可以满足不同建筑功能的要求，可广泛应用于居住建筑等，有利于用户个性化室内空间的改造。

5）钢结构建筑技术近年发展较快

装配式钢结构建筑指结构系统、外围护系统、内装系统、设备与管线系统的主要部分采用预制构（部）件部品集成装配建造而成。

钢结构建筑体系包括低层轻钢、多层钢结构、高层钢结构。多层、高层钢结构体系主要包括钢框架体系、钢框架—支撑体系、钢框架—核心筒体系、钢框架模块—核心筒体系、钢框架剪力墙体系、钢管束剪力墙体系。

随着政策推进力度不断加大，很多企业和科研单位都在积极探索钢结构建筑技术体系。在政策的有力推动下，国内钢结构住宅的开发应用呈现更为广泛和深化的发展趋势。目前，较钢筋混凝土结构住宅相比，尚处于“萌芽”状态的钢结构住宅市场仍有着非常广阔的前景，大型的钢铁企业纷纷开展战略合作，希望将钢结构体系推广至住宅领域。

近年来，我国北京、鞍山、上海、天津、广州和深圳等地开展了钢结构住宅的设计研究和工程实践工作，相继建成一批中高层钢结构住宅的试点工程，如上海中启集团建设的上海中福城、北京晨光家园、亦庄青年公寓等，都具有示范作用。

6）木结构建筑技术近年发展较快

装配式木结构建筑指采用工厂预制的各类标准或非标准木质结构组件，以现场装配为主要手段建造而成。

从发达国家的经验来看，现代木结构适用于各类低、多层住宅建筑。现有的木结构建筑中，轻型木结构是主流，占比近70%，重型木结构占比约16%，其他形式木结构（包括重轻木混合、井干式木结构、木结构与其他木结构混合等）占比约17%。木结构别墅占已建木结构建筑的51%，仍是目前木结构建筑应用的主要市场。中国传统木构建筑，无论是官式大木作，还是民用和装修的小木作，都将建筑的支撑体和围合构件分开，其灵活性十分契合装配式建筑的核心理念。

2.1.2 现状研判

我国的装配式建筑技术体系中，以混凝土技术体系应用最广，钢结构和木结构近年快速发展，但是整体体量占比非常小。装配式混凝土技术体系中成熟适宜的不多，影响了装配式建筑的规模化有效推广和发展进程，随着国家和企业对于技术体系的研发力度逐渐重视，将大幅提高建筑质量、性能和品质。

装配式混凝土结构技术的主要特点包括：

高强、高性能混凝土和钢筋的应用；装配式结构与免震减震技术的结合；建筑底层加强区采用装配式的应用；钢筋机械连接技术在结构中的应用；预应力在装配式混凝土结构中应用；混凝土预制构件与钢结构构件结合；工具式模板技术在装配式施工应用。

2.2 主要问题及分析

2.2.1 预制结构技术体系还不够完善

我国目前对于装配式住宅的技术体系还在探索，未形成全国统一的工业化通用建筑体系。对不同材料及不同功能的预制结构体系研究还不够充分，结构分析的理论方法也比较简单，适用性不足。尤其，还没有形成适合不同地区、针对不同抗震等级要求的技术体系。

从结构体系角度来看，目前还没有形成适合不同地区、不同抗震等级要求，结构体系安全、围护体系适宜、施工简便、工艺工法成熟、适宜规模推广的技术体系；涉及全装配及高层框架结构的研究与实践不足，与国外差距较大；装配式建筑减震隔震技术、预应力技术有待深入研究和推广。

各地在推进装配式建筑发展过程中，普遍反映对装配式建筑技术体系把握不够准确，理解不够深入。主要表现在，行业对装配式建筑的认知停留在PC阶段，其实我国应用的不同形式、不同结构特点的装配式建筑结构类型多样。也有专家认为，各企业的同类型技术体系之间差异并不明显，但是加大了技术推广的成本。

2.2.2 尚未形成设计—制造—装配一体化

从建筑系统角度来看，我国现阶段技术体系主要体现在结构系统的装配化和外围护系统，装配化内装尚不成熟。新型装配式建筑体系研究和发展的快速阶段集中在2015年以后，研发时间还不长。设计产品不利于工厂机械化生产，不利于现场高效化装配，不能发挥装配式建筑的集成优势。

2.2.3 尚未形成建筑—结构—机电—装修一体化

建筑、结构、机电、装修没有建立各专业的装配技术体系，各专业之间也缺乏系统化、协同化、精准化的装配技术体系，没有体现出装配式建筑的系统性和完整性。

2.2.4 装配式混凝土结构技术体系的问题

目前，装配式混凝土结构技术方面存在的主要问题体现在没有形成建筑、结构、机电、装修一体化的建造技术，如将传统现浇建筑拆分成构件来加工制作；没有形成设计、生产、施工一体化的生产组织模式。如分包给没有工程实践经验的包工队进行生产加工、施工装配；没有摆脱传统现浇结构的施工工艺、工法和施工组织，如施工措施、节点处理等均采用现浇混凝土工艺、模板技术；装配式建筑结构技术应用的目的性不清晰、不明确，如为装配而装配，不是经济适用、优化合理的技术体系。

2.2.5 钢结构技术体系的问题

目前我国钢结构技术发展在不同类型建筑中发展不平衡，如公共建筑和工业建筑中，钢结构技术已得到广泛采用；但在居住建筑中，钢结构应用并不多，还有待进一步推广应用。

我国钢结构技术发展中也面临一些问题：第一，没有推行设计、生产、施工一体化的EPC工程总承包管理模式；第二，没有将钢结构的公共建筑、工业建筑、居住建筑区分研究和推广；第三，没有大力推行钢结构建筑室内装修一体化技术；第四，没有充分研究钢结构对居住建筑的适用性问题；第五，没有充分研究钢结构建筑外墙板的技术与系统。

上述问题造成钢结构住宅建筑推广难，工期、成本增加，资源浪费严重，而解决诸多问题的关键是实施设计—生产—施工一体化、主体—装修一体化，提高全产业链的整体生产效率和协同性。

另外，钢结构的市场接受度不高，很难推广；钢结构住宅的问题是个系统问题，不仅仅在于结构体系，而在于与外围护内装修建筑设备之间的连接关系。

钢结构住宅三板技术体系（楼面结构体系、屋面结构体系和墙体体系合称三板体系）有待完善。

钢结构住宅相关的、技术成熟的部品、配件，或缺乏或工业化程度低，特别是墙体、楼板、阳台、楼梯等。

2.3 国内外经验借鉴

2.3.1 装配式建筑技术体系发展的国际规律

发达国家装配式住宅技术体系的发展可以分为三个阶段：一是初级阶段，重点解决的是建立工业化生产体系，大批量快速建造；二是发展阶段，重点解决提高住宅质量和性价比，在质量和多样性方面进步较快，效益明显提高；三是成熟期，转向低碳化、绿色发展，成为绿色建筑主力军，而且材料可回收利用。

目前国外装配式住宅的技术发展趋势是从闭锁体系向开放体系转变；从湿体系向干体系转变；从只强调结构的装配式向结构装配式和内装系统化、集成化发展的发展。在装配式住宅的发展过程中，原来的闭锁体系强调标准设计、快速施工，但结构性方面非常有限，也没有推广模数化。而在转向开放体系之后，装配式住宅的思路被拓宽了。

在原有的湿体系当中，装配式住宅在施工现场接口必须要现浇混凝土，湿体系的典型国家是法国。而瑞典则推行的是干体系，所谓的干体系就是螺丝螺帽的结合，其缺点是在抗震性能较差，没有湿体系好，但是在施工的环境污染等方面，要较干体系更优；在装配式住宅信息化应用中，更多的是针对结构设计和数字化模型搭建等方面。结构设计是多模式的，一是填充式，二是结构式，三是模块式，目前模块式发展相对比较快。

在装配式建筑的国际比较中，欧美国家有许多值得我们学习和借鉴之处，但是日本的情况与我们有更多的相似之处。

2.3.2 典型借鉴——欧美和日本

装配式住宅的典型国家都走出了自己的独特道路。在欧洲，浪漫的法国人推行的装配式建筑讲究美观、人性化，模数化方面处理得非常好。在瑞典，60%以上的住宅都是装配式建筑，是装配式住宅最发达的国家之一。丹麦的装配式住宅的比例也非常高。美国注重低层建筑，低层装配式住宅体系发展得非常完善。

日本率先在工厂生产出抗震性能较好的装配式住宅。美国注重低层建筑，低层装配式住宅美国的体系发展得非常完善。在欧洲，浪漫的法国人推行的装配式建筑讲究美观、人性化，模数化方面处理得非常好。在瑞典，60%以上的住宅都是装配式建筑，而瑞典也是装配式住宅最发达的国家之一。丹麦的装配式住宅的比例也非常高。

日本的工业化住宅，在日本也称为预制组装住宅，其结构种类有钢结构、木结构、钢筋混凝土结构等多种多样，其中钢结构住宅六成以上实现了工业化生产。1988~2015年，日本工业化住宅占全部住宅总数的15%左右。

日本早期的预制组装混凝土结构历经多年发展，预制组装结构众多，其中工业化程度和建筑技术水平都达到非常高的水平，预应力组装工法最具代表性。

日本预制组装结构技术的变化　　表3-2-2

时间	20世纪70年代前	20世纪80年代以后
社会背景	住宅不足	劳动力不足
预制组装结构发展目的	大量建设，品质稳定、标准化、降低成本、工业化	大规模建筑、个性化建筑、短工期、高质量、文明施工
建筑规模	低层、中层	高层
结构形式	纯剪力墙结构	框架结构
预制率程度	全预制组装	半预制组装，按部位选工法
量与种类	小规模多工程集约	大规模单工程对应
生产体制	少种类、大批量生产	多种类、少批量生产

此外，日本SI住宅是实现住宅长寿化各种尝试中的基本理念，指将骨架和基本设备与住户内的装修和设备等明确分离。20世纪70年代，以荷兰学者提出的开放型住宅建设理论为基础，日本开始了SI住宅体系研究工作，并成立了专门住宅体系研发机构HUDC。实际上，始于开放型住宅理论的SI分离供应，在日本或欧美等国没有得到普及。1974年，日本开始开发“KEP”住宅体系，该体系由四个系统组成，即外墙围护系统、内部系统、卫生系统、通风和空调系统。80年代后，日本开始了百年住宅体系的深入研究，并取得大量成果。90年代，具有日本代表性的“KSI”住宅体系诞生。KSI住宅作为一种可持续的产业化住宅体系，其填充体的可装配性发挥了积极的作用。

日本的主体工业化与内装工业化相协调发展，体系完善。

世界其他国家的SI住宅体系的研究和发展多以荷兰和日本为模板，骨架多采用预应力板柱体系，填充体结合本土特色。

2.4 既有政策分析及建议

2.4.1 既有政策分析

我国《“十三五”装配式建筑行动方案》提出“建立健全装配式建筑技术体系”的工作目标，明确了完善技术体系的重点任务是：建立装配式建筑技术体系和关键技术、配套部品部件评估机制，梳理先进成熟可靠的新技术、新产品、新工艺，定期发布装配式建筑技术和产品公告。加大研发力度。研究装配率较高的多高层装配式混凝土建筑的基础理论、技术体系和施工工艺工法，研究高性能混凝土、高强钢筋和消能减震、预应力技术在装配式建筑中的应用。突破钢结构建筑在围护体系、材料性能、连接工艺等方面的技术瓶颈。推进中国特色现代木结构建筑技术体系及中高层木结构建筑研究。推动“钢—混”“钢—木”“木—混”等装配式组合结构的研发应用。

《国务院办公厅关于促进建筑业持续健康发展的意见》(国办发〔2017〕19号)在“推进建筑产业现代化”中提出“大力发展装配式混凝土和钢结构建筑，在具备条件的地方倡导发展现代木结构建筑，不断提高装配式建筑在新建建筑中的比例”。

2.4.2 建议

大力发展装配式建筑，必须实现技术创新，要重点研究技术层面的一体化，通过技术体系的不断进步和创新，建立并完善装配式建筑、结构、机电、装饰装修全专业的设计—制造—装配一体化集成技术体系，解决好困扰装配式建筑发展的瓶颈性技术问题，建立以房屋建筑为最终产品的技术思维，以实现住宅可持续性发展为目标，推进装配式建筑的产业化发展。

实现装配式建筑的技术创新，要建立与技术体系相适应的完整的技术支撑，包括标准化、一体化、信息化的建筑设计方法，与主体结构技术相适应的预制构件生产工艺、一整套成熟适用的建筑施工工法和切实可行的检验、验收质量保障措施。

装配式建筑不仅结构要实现装配化，同时，需要建立与装配式结构体系相匹配、相协同的建筑外围护系统。需要研发应用模块化、一体化的装配式建筑外围护系统，并采用合理有效的构造连接措施，提高建筑抗震、防火、防渗漏、保温、隔声耐久等性能的要求。

技术创新的发展是从专用体系逐步走向社会化的通用体系的过程。建筑、结构、机电装修一体化的集成技术体系具有企业专用体系属性。专用体系是企业核心竞争力，是不可跨越的发展阶段，是走向社会化大生产的必由之路。建议实行装配式建筑通用技术体系研发投入的后补贴政策，促进通用技术体系的研发进度和应用规模。

SI建筑与建筑体系及其技术已经成为世界建筑产业现代化和新型工业化通用体系与生产技术研发方向，我国应当大力推行采用支撑体和填充体的新型工业化发展模式，并构建建筑支撑体和填充体的新型建筑工业化通用体系。

很多新型结构体系的研发过程中，都会突破目前装配式混凝土结构“等同现浇”的设计理论，因此应系统地进行研发。在缺乏成熟规范体系支持的情况下，应有从构件、节点到结构整体的系统研究成果，尤其是抗震性能，应有对于不同烈度地震作用下各结构性能的全面研究。

3 标准规范

3.1 发展现状及研判

3.1.1 发展现状

随着装配式建筑产业在不断发展，标准也在不断发展，各地出台和在编的装配式建筑规范达200余项，为装配式建筑发展打下了坚实基础。我国现行的工程建设标准主要包括国家标准、行业标准、地方标准和协会标准等，不同结构类型的装配式住宅的技术标准主要涵盖设计、施工、验收等阶段。装配式建筑的三大结构主体的国标均已发布，装配式建筑评价标准也即将实施。

1）装配式混凝土建筑标准规范日益完善

国家标准《混凝土结构工程施工质量验收规范》GB 50204-2015，行业标准《装配式混凝土结构技术规程》JGJ 1-2014、《钢筋套筒灌浆连接应用技术规程》JGJ 355-2015；产品标准《钢筋连接用套筒灌浆料》JG/T 408-2013等陆续出台。许多省市也相继也编制了相关地方标准。

2）钢结构建筑技术规程比较齐全

现有与钢结构设计、制造、施工相关的国家与行业标准、技术规范、规程近140余项，较20世纪80年代约增加了两倍以上，基本可以满足现有工程需求。21世纪初，又编制了多层钢结构以及底层轻型钢结构等规程。

3）木结构建筑标准规范比较完善

木结构建筑相关的标准形成了涵盖国家标准、行业标准和地方标准的较完整的技术标准体系。除工程规范外，还有一系列的木材产品标准，这些木材产品的加工制造和质量验收的标准约100余项。

4）评价标准的编制与发布

《装配式建筑评价标准》GB/T 51129（以下简称《评价标准》）由住房和城乡建设部科技与产业化发展中心牵头组织全国22家企业、30位专家进行编制，由住房城乡建设部在2017年12月正式发布。

《评价标准》立足当前实际，适当面向未来发展，本着循序渐进、积极稳妥的原则，确定了衡量装配式建筑的评价指标体系。《评价标准》分为总则、术语、基本规定、装配率计算、评级等级划分共五章，适用于评价民用建筑的装配化程度，主要针对单体建筑的地上部分进行评价，根据装配化水平，分为1A、2A、3A三个等级。

《评价标准》以装配率对装配式建筑的装配化程度进行评价，拓展了装配率计算指标的范围。例如，在技术体系方面，评价指标既包含承重结构构件和非承重构件，又包含装修与设备管线。再如，衡量竖向或水平构件的预制水平时，将用于连接作用的后浇部分混凝土一并计入预制构件体积范畴。同时，以控制性指标明确了最低准入门槛，以竖向构件、水平构件、围护墙和分隔墙、全装修等指标，分析建筑单体的装配化程度。

3.1.2 现状研判

虽然国家、行业和地方已经出台了多项装配式建筑相关的标准，但是目前装配式建筑的标准化程度不够、自动化水平不够，故而研究标准化设计方法和技术具有重要意义。

3.2 主要问题及分析

近年来，我国积极探索发展装配式住宅，但在技术规范与标准的顶层设计的支撑保障方面还存在许多亟待解决的难题，与国际可持续发展的装配式住宅建造方式的先进标准相比还有很大差距。

我国装配式建筑大发展始于2015年，属于再次起步；各个企业的技术体系相对独立，各专有体系技术的标准化程度还不够高，导致通用的技术体系无法建立，影响了整体标准化工作的推进。

3.2.1 装配式混凝土建筑相关标准的问题

我国现在的模数标准体系尚待健全，模数协调也未强制推行，导致结构体系与部品之间、部品与部品间、部品与安装设备间模数难以协调。一些试点成果无法大规模推广。缺乏与装配式住宅相匹配的、独立的标准规范体系。虽然国家和地方出台了多个装配式建筑标准，但都是基于等同现浇的理念；重结构设计标准，轻建筑设计标准，导致建筑设计标准、技术文件偏少，建筑师缺乏住宅体系、住宅结构、住宅套型等相关指导，同时住宅套型的多样性造成各家自成体系，社会资源浪费较严重；重建筑主体结构的装配化设计标准，轻部品的工业化设计标准；重技术标准，轻管理标准；模数化相关标准缺乏，目前较完善的有楼梯、门窗、厨房和卫生间等部位的模数标准，屋面、隔墙、电梯等缺乏统一模数标准。

3.2.2 钢结构建筑相关标准

钢结构住宅标准规范有待完善。目前在国内的轻钢结构住宅项目都是通过国外的规范进行验收；与钢结构住宅配套的叠合楼板、内外墙板等标准规范有待完善；

设计、构建加工、现场施工、竣工验收等标准关联性不高；现有技术成果难以转化为标准规范。

3.2.3 木结构建筑相关标准

我国木结构建筑的相关标准、规范距离发达国家还有一定差距，例如在建筑高度限值过低、防火规范过于保守等，木结构部品部件标准化工作欠缺角度，缺乏大型木构件的技术标准，尚需进一步完善。

3.3 国内外经验借鉴

日本和新加坡等发达国家早已建立了装配式建筑相关的规范体系。

3.3.1 日本

日本的标准包括建筑标准法、建筑标准法实施令、国土交通省告示及通令、协会（学会）标准、企业标准等，涵盖了设计、施工等内容，其中包括由日本建筑学会AIJ制定的装配式结构相关技术标准和指南。

1963年成立的日本预制建筑协会在推进日本预制技术的发展方面作出了巨大贡献，该协会先后建立PC工法焊接技术资格认证制度、预制装配住宅装潢设计师资格认证制度、PC构件质量认证制度、PC结构审查制度等，编写了《预制建筑技术集成》丛书，包括剪力墙预制混凝土（W-PC）、剪力墙式框架预制钢筋混凝土（WR-PC）及现浇同等型框架预制钢筋混凝土（R-PC）等。

日本在工业化住宅标准方面具有以下特点：①标准规范完善齐全；②模数标准统一；具有工业化住宅性能认定规程；③钢结构和木结构住宅在主体结构设计中采用与普通钢结构、木结构相同的设计规范；④住宅部件产品标准十分齐全，占标准总数80%。

3.3.2 新加坡

新加坡建屋发展局（HDB）装配式建筑设计指南，对建筑层高、构件户型设计、模数设计、尺寸设计、标准接头设计等都做出了规定，对预制构件的节点设计也做出了规定。

2001年，新加坡建设局（BCA）对所有新建项目执行实行“建筑物易建性评分”规范，未达到易建性设计评分最低分要求的设计不予审核通过。

3.3.3 德国

德国在工业化住宅标准方面具有以下特点：

（1）标准规范体系完整全面；

（2）装配式建筑首先要满足通用建筑综合性技术要求，同时满足生产安装方面的要求；

（3）相关装配式建筑标准包括：混凝土及砌体预制构件标准、钢结构标准、预制木结构标准、预制金属幕墙标准；

（4）企业产品（装配式系统、部品等）需要出具满足相关规范要求的检测报告或产品质量声明。

3.3.4 美国

美国在20世纪70年代能源危机期间开始实施配件化施工和机械化生产。美国城市发展部出台了一系列严格的行业标准规范，一直沿用至今，并与后来的美国建筑体系逐步融合。美国城市住宅结构基本上以工厂化、混凝土装配式和钢结构装配式为主，降低了建设成本，提高了工厂通用性，增加了施工的可操作性。

总部位于美国的预制与预应力混凝土协会PCI编制的《PCI设计手册》，其中包括了装配式结构相关的部分。该手册不仅在美国，在整个国际上也具有非常广泛的影响力。从1971年的第一版开始，PCI手册已经编制到了第7版，该版手册与IBC 2006、ACI 318-05、ASCE 7-05等标准协调。除了PCI手册外，PCI还编制了一系列的技术文件，包括设计方法、施工技术和施工质量控制等方面。

1976年，美国国会通过国家工业化住宅建造及安全法案，同年，美国HUD出台一系列严格的行业规范标准，沿用至今。

HUD颁发联邦工业化住宅安装标准，是全美所有新建工业化住宅初始安装的最低标准，适用于审核所有生产商的安装手册和州立安装标准。

3.3.5 丹麦

丹麦是一个将模数法制化应用在装配式住宅的国家，国际标准化组织ISO模数协调标准即以丹麦的标准为蓝本编制。丹麦推行建筑工程化的途径实际上是以产品目录设计为标准的体系，使部件达到标准化，然后在此基础上，实现多元化的需求，所以丹麦建筑实现了多元化与标准化的和谐统一。

3.3.6 我国示范城市

沈阳市装配式标准配套齐全，引进的技术论证严谨，结构类型品种较多，构件厂设备自动化程度高。完成了《预制混凝土构件制作与验收规程》等9部省级和市级地方技术标准。

北京和上海有政府出台配套优惠政策，标准配套基本齐全，部分装配的剪力墙结构的技术成熟。

北京出台了混凝土结构产业化住宅的设计、质量验收等11项标准和技术管理文件；上海已出台5项且正在编制4项地方标准和技术管理文件。

深圳市装配式住宅工作开展较早，面积较大，构件质量高，编制了产业化住宅模数协调等11项标准和规范。

3.4 既有政策分析及建议

3.4.1 既有政策分析

1)《关于大力发展装配式建筑的指导意见》(国办发〔2016〕71号)在重点任务中对“健全标准规范体系”具体提出：加快编制装配式建筑国家标准、行业标准和地方标准，支持企业编制标准，加强技术创新，鼓励社会组织编制团体标准，促进关键技术和成套技术研究成果转化为标准规范。强化建筑材料标准、部品部件标准、工程标准之间的衔接。制修订装配式建筑工程定额等计价依据。完善装配式建筑防火抗震防灾标准，研究建立装配式建筑评价标准和方法。逐步建立完善覆盖设计、生产、施工和使用维护全过程的装配式建筑标准规范体系。

2)《“十三五”装配式建筑行动方案》提出“建立健全装配式建筑标准体系”的工作目标，明确了健全标准体系的重点任务是：建立完善覆盖设计、生产、施工和使用维护全过程的装配式建筑标准规范体系。支持地方、社会团体和企业编制装配式建筑相关配套标准，促进关键技术和成套技术研究成果转化为标准规范。编制与装配式建筑相配套的标准图集、工法、手册、指南等。

3)《“十三五”装配式建筑行动方案》(建科〔2017〕77号)提出“各地可将装配率水平作为支持鼓励政策的依据。”

由住房和城乡建设部科技与产业化发展中心牵头起草的国家标准《装配式建筑评价标准》GB/T 51129-2017规定，用装配率作为装配式建筑认定指标。

3.4.2 建议

加快全覆盖的标准体系研究和建设。理清各种不同结构类型的工业化住宅所需的标准体系，梳理归纳和补充完善已有的技术标准，逐步建立基于住宅设计、部品部件生产、现场施工装配、竣工验收管理全过程的系统化、多层次、全覆盖的装配式住宅标准体系。

鼓励建立具有地方特色的标准规范体系。

4 设计

4.1 发展现状及研判

4.1.1 发展现状

1）预制装配式建筑设计的五大特征

随着装配式建筑的发展，北京、上海、沈阳、深圳等地的设计单位不断进行科研投入，并承担了大量工程项目，积累了丰富的实践经验，设计能力和水平快速提升，为下一步装配式建筑规模推广奠定了行业基础。与采用现浇结构建筑的建设流程相比，预制装配式建筑的设计工作呈现五个方面的特征：

（1）**流程精细化：** 预制装配式建筑的建设流程更全面、更综合、更精细，在传统的设计流程的基础上，增加了前期技术策划和预制构件加工图设计两个设计阶段。

（2）**设计模数化：** 模数化是建筑工业化的基础，通过建筑模数的控制可以实现建筑、构件、部品之间的统一，从模数化协调到模块化组合，进而使预制装配式建筑迈向标准化设计。

（3）**配合一体化：** 在预制装配式建筑设计阶段，应与各专业和构配件厂家充分配合，做到主体结构、预制构件、设备管线、装修部品和施工组织的一体化协作，优化设计成果。

（4）**成本精准化：** 预制装配式建筑的设计成果直接作为构配件生产加工的依据，并且在同样的装配率条件下，预制构件的不同拆分方案也会给投资带来较大的变化，因此设计的合理性直接影响项目的成本。

（5）**技术信息化：** BIM是利用数字技术表达建筑项目几何、物理和功能信息以支持项目全生命期决策、管理、建设、运营的技术和方法。建筑设计可采用BIM技术，提高预制构件设计完成度与精确度。

2）装配式混凝土结构设计的五个层次

装配式混凝土结构是我国建筑结构发展的重要方向之一，其建筑设计按照对技术和产品的集成、对生产和施工工艺及管理的协调、对建造和使用全过程的统筹等方面的实施水平和控制方式划分，大致分为五个层次：

第一层次： 基于预制构件“拆分”的结构设计——以符合现行国家标准规定和政策规定为目标的设计方式。

这是目前大多数设计单位和工程项目采用的方式。这种方式是在现有的技术规范管理体系下，对于预制混凝土技术尚无经验的设计企业在转型初期的一种表现。在这个阶段，一部分有经验的预制混凝土生产厂家和新兴的设计咨询类企业成为设计企业做项目的主导者。具体的表现是：①整体设计水平不高，甚至在很多方面存在着结构安全和建筑使用的隐患；②设计企业与生产厂家或咨询企业的联合往往是由建设单位就具体项目促成的，很难建立长期的合作关系，这使得设计企业在自身的设计、组织方式转型和发展中受到了不正确的引导而难以创新。

第二层次：基于预制构件组合的结构体系设计——以满足结构的安全性、合理性等为需求的装配式混凝土设计方法。

这种设计方式是基于对装配式结构体系有比较全面的了解和技术掌握能力后逐步形成的。目前在国内的设计企业中，已经有部分企业开始向这种方式转变。

第三层次：基于建筑各系统配合、标准化设计理念和模数协调原则的建筑体系设计——以满足建筑的适用性、合理性等位需求的装配式混凝土建筑设计方法。

这种设计方式是将建筑设计作为一个整体协调的系统，将装配式结构体系应用和装配式混凝土技术作为系统中的一项适用技术，并与建筑功能和表达、装饰装修和机电系统等进行统筹。目前，只有少数具有较大规模的设计企业，通过组织机制和工作模式的转变以及专业技术人员的培育等努力具备这种能力。

第四层次：基于建筑设计、生产和施工、装修、部品部件等一体化的工程设计——以满足建造全过程的质量、效率为目标的设计—服务一体化的方式。

这种设计方式需要对装配式建筑具有比较深入的理解，除了对建筑设计本身具有较高的水准，还需要对建筑产品策划、建造过程的掌控以及适用技术的应用等具有一定的认知。目前，设计企业普遍缺少这些方面的综合能力，而且受制于工程建设的组织方式，这种设计形式很难在短时期内得到推广。

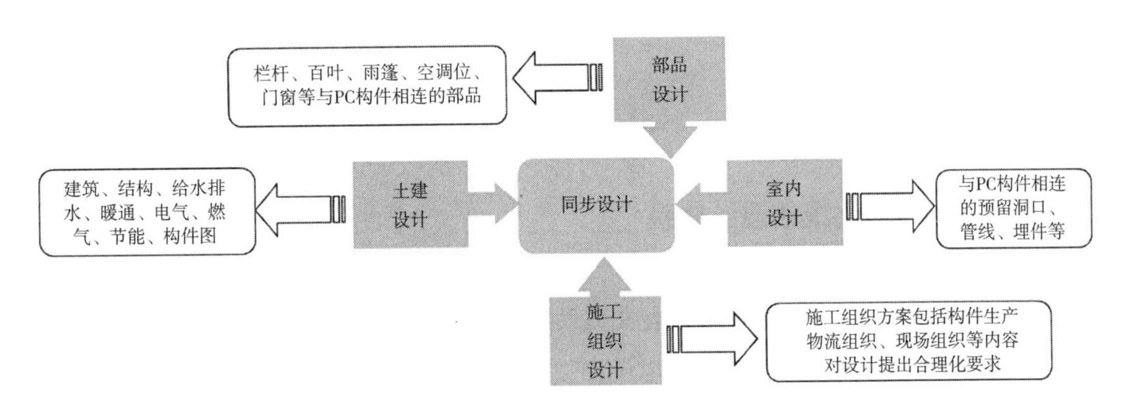

图3-4-1　预制装配式的设计要求

第五层次：基于建筑全寿命周期的性能、品质和经济性等的项目全过程设计—实施—控制一体化的方式。

这种设计模式应当是与工程建设总承包、开发与运维一体化等同步发展形成的，能够做到专业间互为条件、互相制约，通过配合最大限度地实现建筑综合最有，应当是未来发展的方向。

目前，装配式建筑项目实施过程中，项目相关方（投资方、设计方、生产方、施工方等）均已认识到协同工作的重要性，加强前期技术策划阶段的分析研究工作，注重建筑、结构、机电专业间的配合，持续优化构件类型，机电专业精确定位，为构件加工图的深化设计创造基础条件，同时现场服务工作也得到极大的加强。但是，当前装配式建筑设计工作仍处于探索阶段，整体从业人员专业化水平有待提高，装配式建造体系有待进一步完善，受传统思维和建造成本提高的影响，机电专业管线敷设仍未摆脱传统现浇结构的安装方式。除北京市外，其他城市尚未出台成品住宅交付的规定，导致土建与装修严重脱节，不能充分发挥装配式建筑的技术、效率、环保、节材以及运行维护方面的技术优势。

4.1.2 研判

我国由于几十年来对建筑行业的分工过于条块化，设计思路未向装配式建筑概念转变，导致设计与项目策划和组织实施、生产和施工结合、技术和产品运用、质量和品质保证等方面的脱节现象严重。随着我国建筑行业的转型升级，设计模式也由现场施工转变为面向工厂加工和现场施工的新模式，这需要运用产业化的目光提升原有的知识机构和技术体系，采用产业化的思维重新建立企业之间的分工与合作，使研发、设计、生产、施工及装修形成完整的协作机制。

4.2 主要问题及分析

4.2.1 缺乏一体化集成设计体系

当前装配式混凝土建筑缺乏一体化集成设计，装配式建筑不仅需要设计与结构的有机结合，还需要整体考虑部品部件、机电设备、装配施工、装饰装修等，而目前的设计体系还是以传统的建设模式为主，建筑、结构、施工、机电等相对独立。这种设计—施工相分离的建设管理模式在建设过程中会出现各环节协同困难、设计变更无法及时沟通等突出问题，已难以适应装配式建筑的建设发展。

4.2.2 集成设计能力及人才不足

由于传统建筑行业的分工过于板块化，因此设计行业从事的建筑师、结构工程师等设计人员对装配式建筑过程中各板块技术及特点的了解程度普遍偏低，大部分项目依然需要二次拆分，专业间的协同程度较低，分包现象普遍，导致了设计与项目策划和组织实施、生产和施工结合、技术和产品运用、质量和品质保证等方面的脱节。

4.2.3 设计标准化程度较低

建筑产业化的核心是生产工业化，生产工业化的关键是设计标准化，最核心的环节是建立一整套具有适应性的模数以及模数协调原则。设计中据此优化各功能模块的尺寸和种类，使建筑部品实现通用性和互换性，保证房屋在建设过程中，在功能、质量、技术和经济等方面获得最优的方案，促进建造方式从粗放型向集约型转变。而我国目前由于缺乏标准化的模块设计，导致了部品与建筑之间、部品与部品之间模数不协调，无法发挥出工业化生产的优势。

4.2.4 深化设计能力有限

装配式住宅设计必须做到精确无误，特别是预制构件上各种管道孔、预制件一旦进入工厂生产加工，很难进行设计方面的变更与修改。但传统的预制构件厂和设计院通常不能同时具备成熟稳定的深化设计模块化的能力及深化设计能力，由此造成构造设计不当、细部设计对施工考虑不周、专业不配套等问题，以及预制构件的生产存在一定偏差，不符合标准。

4.2.5 底部加强区预制设计技术问题

现有的设计体系底部加强区通常采用现浇方式，标准层部分预制，导致现场现浇工法与装配工法相互交叉、混用，效率低下，从全产业链的角度看，没有发挥出装配式建筑应有的优势。迫切需要引导、指导建立以预制装配为主的装配式建筑结构设计体系。

4.2.6 “等同现浇”的结构设计缺陷

结构设计方面，以装配整体式剪力墙结构为主，其设计理念造成大部分PC体系进入工程需要开展专家论证工作，二次深化设计造成设计成本增加；连接节点的湿连接增加了众多额外公序，公众，对施工管理和质量保障提出更高要求，不能发挥出预制结构本身固有的优势。

4.2.7 信息化应用不足

对装配式建筑来说，通过BIM技术可以有效实现装配式建筑全生命周期的管理和控制，包括设计方案优化、构配件深化设计、构件生产运输、施工现场装配模拟、建筑使用中运营维护等，提高装配式建筑设计、生产及施工的效率。但是BIM技术在装配式建筑设计中的应用不足，没有发挥其应有的支撑作用；同时，设计阶段的BIM模型及信息如何“无损传递”到生产、施工、装修，实现全过程的“协同”“可逆”，尚有很大差距。

4.3 国内外经验借鉴

4.3.1 美国

模块化技术是美国工业化住宅建设的关键技术，在美国住宅建筑工业化过程中，模块化技术针对用户的不同要求，只需在结构上更换工业化产品中一个或几个模块，就可以组成不同的工业化住宅。因此，模块化产品具有很大的通用性。实现标准化和多样化的有机结合，多品种、小批量与高效率有效统一。

4.3.2 新加坡

新加坡把模块化设计作为装配式设计的基础，包括建筑层高、墙体厚度、楼板厚度都实行模数化设计，有利于装配式预制构件的拆分、构件尺寸的选取和节点设计，节约材料和生产耗时。

发展并鼓励BIM系统的使用。各大院校开展了BIM系统的专业课程，培养在校学生和在职人员的信息化、系统化管理的专业技能。

4.3.3 我国示范城市

上海市积极推行设计、施工一体化建设模式，鼓励政府投资项目、装配式项目、应用建筑信息模型的项目优先采用工程总承包方式建设。鼓励有条件的设计或施工单位提高设计施工综合管理能力，健全管理体系，加强人才培养，向具有工程设计、采购、施工能力的工程公司发展。

加快BIM技术发展步伐，率先在装配式建筑建设过程中推广BIM技术应用，在三维可视条件下建设标准化预制构件和部品数据库，提高施工图设计精度和施工效率，降低装配式建筑建设成本。

深圳发布了《深圳市保障性住房标准化设计图集》，内容包括：12个标准户型和10个组合平面标准化设计图集、工业化工法施工和内装修图集、BIM模型库和部品构件库。

4.4 既有政策分析及建议

4.4.1 既有政策分析

《"十三五"装配式建筑行动方案》提出"形成一批装配式建筑设计企业，形成装配式建筑专业化队伍，全面提升装配式建筑质量、效益和品质，实现装配式建筑全面发展"的工作目标；明确了提高设计能力的重点任务是全面提升装配式建筑设计水平。推行装配式建筑一体化集成设计，强化装配式建筑设计对部品部件生产、安装施工、装饰装修等环节的统筹。推进装配式建筑标准化设计，提高标准化部品部件的应用比例。装配式建筑设计深度要达到相关要求。提升设计人员装配式建筑设计理论水平和全产业链统筹把握能力，发挥设计人员主导作用，为装配式建筑提供全过程指导。提倡装配式建筑在方案策划阶段进行专家论证和技术咨询，促进各参与主体形成协同合作机制。建立适合建筑信息模型（BIM）技术应用的装配式建筑工程管理模式，推进BIM技术在装配式建筑规划、勘察、设计、生产、施工、装修、运行维护全过程的集成应用，实现工程建设项目全生命周期数据共享和信息化管理。

《关于大力发展装配式建筑的指导意见》（国办发〔2016〕71号）在重点任务中对"创新装配式建筑设计"具体提出：统筹建筑结构、机电设备、部品部件、装配施工、装饰装修，推行装配式建筑一体化集成设计。推广通用化、模数化、标准化设计方式，积极应用建筑信息模型技术，提高建筑领域各专业协同设计能力，加强对装配式建筑建设全过程的指导和服务。鼓励设计单位与科研院所、高校等联合开发装配式建筑设计技术和通用设计软件。

《深圳市住房和建设局关于装配式建筑项目设计阶段技术认定工作的通知》（深建规〔2017〕3号）中具体提出装配式建筑项目设计的有关要求：①在方案设计阶段，设计单位应当按照深圳市装配式建筑技术要求进行设计。方案设计文件应当对实施装配式建筑的建筑面积、结构类型、预制率和装配率等内容进行专篇说明。申请建筑面积奖励的装配式建筑项目，还应当按照《深圳市装配式建筑住宅项目建筑面积奖励实施细则》的要求，对申请奖励的住宅面积和比例等内容予以说明；②在初步设计阶段，建设单位应当编制装配式建筑项目预制率和装配率计算书及实施方案。依法应当进行超限高层建筑工程抗震设防专项审查的项目，应当先完成专项审查。设计文件应当对实施装配式建筑的建筑面积、结构类型、预制构件种类、装配式施工技术、预制率和装配率等内容进行专篇说明；③在施工图设计阶段，各专业设计说明和设计图纸中应有装配式建筑专项内容。设计图纸需用不同图例注明预制构件的种类，标示预制构件的位置，列明所用预制构件的清单表。

《南京市关于进一步推进装配式建筑发展的实施意见》（宁政办发〔2017〕143号）中明确“施工图审查机构在审查装配式建筑项目时，对未明确结构体系、预制装配率、预制部品部件品种和规格等专项设计说明及未实现建筑、结构、设备管线、装饰装修一体化设计的，不予发放《施工图设计文件审查合格书》”。

我国目前国家层面关于装配式建筑的相关政策集中在推行一体化的集成设计，有关设计标准化及设计模式等相关的政策较少，缺乏具体操作实施的指导，而一些示范城市中具体指导装配式建筑设计的相关政策较为广泛详细，可以具体落实到实际操作层面。

4.4.2 建议

1）加强住宅标准化、通用化、模块化设计，在设计层面分类型建立住宅设计标准体系；在生产层面建立模块化生产标准，以标准化的系列模数为基础，建立标准化建筑设计模块，由系列的标准化设计模数模块组合成标准化的功能模块（卧室模块、客厅模块、厨房模块、卫浴模块），从设计源头推动标准化设计体系的建立；

2）将设计模式由面向现场施工转变为面向工厂加工和现场施工的新模式，将施工段的问题提前至设计、生产阶段解决；

3）创新装配式建筑结构设计技术与减隔震技术的结合，提高装配式建筑的减震、抗震性能，且简化结构构造设计，便于工厂化制造和现场装配；

4）加强机电标准化设计，建立标准化的机电设计模块和接口，由系列标准化、模数化设备、管道单元组合成的机电模块（强弱电、给水排水、供暖、设备、管道）；

5）加强能够对接装配式建筑全产业链的复合型人才，鼓励高校提升相关专业增加装配式相关的研究课程。

6）研发底部加强区可预制设计技术，建立以“预制装配”为主的设计体系。建筑形体及结构布置规则，水平、竖向结构布置均匀、连续并具有良好的整体性；相应高宽比满足规范要求；连接接缝加强的设计技术；轴压比控制技术：采用高强混凝土或增加底部结构构件的截面面积；性能化设计技术：通过深入的弹性和弹塑性计算分析（包括静力分析、时程分析、多模型及多程序的比较计算分析等），研判结构的薄弱部位及需要加强的关键部位，提出有针对性的加强措施；创新装配式建筑结构设计技术与减隔震技术的结合，提高装配式建筑的减震、抗震性能，且简化结构构造设计，便于工厂化制造和现场装配；进一步创新，实现地下室、核心筒部位采用预制装配设计。

7）加强装配式建筑设计阶段的技术认定

在项目施工图设计完成后，建设单位应将施工图文件以及相应的一系列材料交至施工图审查机构审查，施工图审查机构应当对项目预制率和装配率等装配式建筑相关要求进行审查，经审查合格的，才能出具施工图设计文件审查合格书；在项目实施阶段，建设单位应当建立首批预制构件样板和首个装配式标准层结构联合验收制度。施工单位应当根据施工图设计文件编制装配式建筑专项施工方案，并组织实施。监理单位应当根据施工图设计文件，结合装配式建筑专项施工方案，编制装配式建筑监理实施细则，并加强对预制构件生产和安装的检查。工程质量安全监督机构应当对工程建设各责任主体是否遵循施工图设计文件进行监督检查。施工图设计文件涉及预制率、装配率等重要变更的，建设单位应当报原施工图审查机构重新审查；在项目竣工阶段，建设单位应当在工程竣工验收报告中对实施装配式建筑的单体建筑位置和面积、结构类型、预制构件种类、装配式施工技术、预制率和装配率等内容进行专篇说明，并注明各指标是否符合施工图设计文件和装配式建筑的相关要求。

5 施工

5.1 发展现状及研判

5.1.1 发展现状

装配式施工是指在工厂加工生产出一批标准构件，然后运输到现场，通过一定的施工方法及工艺将这些构件连接成所需要的建筑结构造型的施工方式。装配式施工可以加快施工进度、提供劳动生产率，同时节省模板、劳动力等资源，减少施工现场的污染排放，改善工人施工条件，并且合理的设计和施工工艺，同样能满足建筑的整体性、刚度、防水性和抗震性能。

预制装配式混凝土结构施工安装是装配式建筑建设过程的重要组成部分，伴随着建设材料预制方式、施工机械和辅助工具的发展而不断进步。真正意义上的工具式发展以及相关起吊连接件的标准化和专业化起源于20世纪80年代，各类预制装配式混凝土结构的元素也开始愈加多样化，其连接形式也进入标准化的时代。这个时期，各类构件的起吊安装都有非常成熟的工法规定，比如预制框架结构的梁柱板的吊装和节点连接处理。相关企业也专门编制起吊件和埋件的相关产品标准和使用说明。如今，西方的预制装配式混凝土结构的施工安装与20世纪80年代相比，在产品和工法上没有太多的变化，新的特征是功能的集成化、更加节能以及信息化技术的引入。

我国装配式建筑施工技术的发展经历了比较坎坷的道路。20世纪50年代，我国建筑行业在房屋建设中使用了预制构件，这一过程中的施工还是施工企业的一部分；60年代到70年代的中期，在政府倡导下开始生产大型构件混凝土大板厂，装配式建筑在这一过程中有了很大的进步；80年代中期，装配式建筑施工技术的发展到了顶峰，但是没有加强管理，使得预制构件厂泛滥，影响了我国装配式建筑施工技术水平的提高。21世纪以来，建筑行业发展加速，节能材料的应用和劳动力利用效率的提高，使得装配式建筑施工技术的发展又进入新的发展局面。2005年后，企业开始重新梳理相关的技术、标准和工法。国外的相关经验也被吸收到国内的项目中来。

国内装配式住宅技术体系较多，构件种类复杂，规格不统一，标准化程度不高，形式复杂，增加了施工难度。一些预制率较低的项目，现浇与装配两种施工方式并存，多种类交叉作业，施工难度增加，效率低下。

在装配式住宅项目中，主要采取的连接技术包括灌浆套筒连接和固定浆锚搭接连接方式。部分施工企业经过多年研发、探索和实践积累，形成了与装配式住宅相匹配的施工工艺工法；在装配式混凝土结构项目中，主要采取的连接技术包括有灌浆套筒连接和固定浆锚搭接连接方式；一些企业探索成立专业的施工队伍，专门承接装配式建筑项目；一些施工企业注重延伸产业链条，正在由单一施工主体发展成为含有设计、生产、施工等板块的集团型企业；一些企业探索出了施工与装修同步实施、穿插施工的生产组织方式，有效缩短了工期，降低了造价。

5.1.2 研判

我国预制装配式混凝土结构施工发展虽然取得了一定进展，但是整体处于各自为营的状态，需要进一步的研发，并通过大量项目实践和积累来形成系统化的施工安装组织模式和操作方法。

精细化施工图能够将后期技术问题前置，在施工前解决错漏碰撞问题，大大减少现场的施工浪费及返工，有效控制施工精度，在更大程度上保证了产品标准化的落地，提高施工质量和效率，控制成本，应成为现阶段装配式建筑施工主要方式。

5.2 主要问题及分析

5.2.1 施工质量及安全性缺乏保障

由于设计缺乏对生产工艺和施工技术的充分了解，施工组织管理仍然按传统现浇建造方式进行，现场监理对生产施工的质量监督不到位，缺乏专业化的施工队伍，因此在施工现场，经常会出现构建的连接节点对不上、混凝土浇筑不密实等情况，难以保证质量，结构耐久性失效。在构件的安装过程中，不规范的构件吊运作业、现浇段平整度偏差过大、构件安装精度不够、套筒灌浆不够密实、外墙拼缝过大等情况也较为常见。

5.2.2 存放及运输不当造成构件损坏

由于现场缺乏专门对构件进行管理的人员和制度，工人缺乏培训、技能不熟练、交底不深入导致工序操作不规范，同时操作者自检和管理者复检工作不到位，墙板构件厚度薄、体积大，加之有些非承重构件本身设计强度不高，所以移动中易损坏，另外生产中注浆套筒封堵不严或没有封堵，易使灰浆进入套筒；而且缺乏成品保护整体解决方案，构件运输、存放、吊装中边角保护措施不足，缺乏专用保护器具；此外，构件存放时间过长、环境酸碱度不适中也会影响构件强度。以上原因造成了施工过程中构件的损坏。

5.2.3 设计不合理导致施工安装存在问题

由于各地方政策不同，有些地方为了追求高预制率，盲目地把一些不宜做预制的部位也做成了预制构件，使得每层构件数量过多，安装时间较长，安装难度大、空间小支撑体系难以固定，比如外凸的楼梯间、设备管井等部位。而对于一些预制率较低的项目，施工现场的传统工种作业量大，多种工种交叉作业，垂直运输机械往往不能满足要求，施工难度增加，效率低下。

同时，预制装配式混凝土结构设计中重要环节是连接设计，而很多设计院对于施工现场的要求和特性缺乏了解，导致很多连接在现场无法实现或较难实现，现场安装效率和连接工艺效率低下，影响整体进度。

5.2.4 不恰当的技术体系导致施工难度增加

施工过程的方法包含整个设计周期内所采取的技术方案、工艺流程、组织措施、检测手段、施工组织设计等。施工方案的正确与否直接影响工程质量控制能否顺利实现。而目前国内普遍存在由于施工方案的不周全而导致进度拖延、投资增加等情况。一些预制率较低的项目，现浇与装配两种施工方式并存，多工种交叉，施工难度增加，不能体现装配式建筑“省工提效”的优势。

5.2.5 缺乏专业的施工现场操作人员

大部分地区装配式建筑体量较小，缺少专业熟练的施工队伍和人员。在对精细化有一定要求的装配式建筑项目中，传统施工与预制装配施工配合存在问题，其作业精细程度不能满足装配式建筑的需求，导致安装作业及整体施工效率低下，在施工过程中，也经常出现由于工人操作不当造成构件损坏的问题。

5.2.6 BIM在施工过程中应用不足

以构件为载体，推进BIM技术在预制装配式混凝土结构中的应用，目前多数还停留于理论层面。由于前后端数据传递的壁垒，以及人员素质、管理水平和管理模式的影响，在已施工完的项目中，BIM的应用也较少。即使在重视BIM落地的城市，应用BIM技术的工程项目也很少。

5.3 国内外经验借鉴

5.3.1 美国

在产业化现场施工方面，美国装配建筑分包商的专业化程度很高。2016年统计的全美国装配建筑总承包商为9.76万家，大型工程承包商0.49万家，而专业承包商则为3.20万家。这些装配建筑承包商的专业分工很细：混凝土工程0.84万家，钢结构安装0.40万家，装配工程1.33万家，建筑设备安装0.13万家，楼面铺设和其他楼板安装0.52万家，屋面、护墙、金属板工程1.38万家，其他装配建筑承包商1.47万家。这为在装配建筑业实现高效灵活的“总/分包体制”提供了保证。

5.3.2 新加坡

新加坡建设局（BCA）鼓励施工企业在施工方案、施工设备机械、施工管理等方面进行改革创新，最大化提高施工现场的生产效率。政府实施奖励计划（Mech–C），对于提高生产力所使用的工具可最高奖励企业20万新元。实施PIP计划，奖励一切先进的施工模式、施工材料，例如使用先进的系统模板、使用铝模板等。发展并鼓励BIM系统的使用。各大院校开展了BIM系统的专业课程，培养在校学生和在职人员的信息化、系统化管理的专业技能。

5.3.3 我国示范城市

深圳市实行全流水穿插施工，改变了传统主体结构、机电、装饰装修施工割裂不同步的施工组织，实现主体结构、内隔墙、机电安装、外装饰、室内装修同步进行，大大提高施工管理效率。

5.4 既有政策分析及建议

5.4.1 既有政策分析

《关于大力发展装配式建筑的指导意见》（国办发〔2016〕71号）在重点任务中对“提升装配施工水平”具体提出：引导企业研发应用与装配式施工相适应的技术、设备和机具，提高部品部件的装配施工连接质量和建筑安全性能。鼓励企业创新施工组织方式，推行绿色施工，应用结构工程与分部分项工程协同施工新模式。支持施工企业总结编制施工工法，提高装配施工技能，实现技术工艺、组织管理、技能队伍的转变，打造一批具有较高装配式建筑施工技术水平的骨干企业。

当前国家现有的政策及地方各级政策中有关装配式建筑施工的指导意见较少，主要集中在鼓励施工企业开展装配设备、技术等方面的研究，缺少实际操作层面及管理机制层面的解决办法。

5.4.2 建议

1）提倡前置施工方案，在构件设计环节提出特殊要求，包括施工电梯及扶墙件、外墙挂架预埋及施工放线孔留洞等。

2）增加对施工人员的现代建筑产业化知识、技能、操作、规范的培训，使其施工更加规范化，减少现场施工错误的产生，进而保证预制装配式建筑质量的安全。

3）完善施工工具体系，鼓励企业开发具备有效控制、调节施工精度、防水性能良好、有利于成品保护的系统完善的工具体系。

4）制定系统完善的标准规范及监督制度体系，有效监管装配式建筑的预制构件、现场装配等工作，确保构件及施工质量。

5）推进BIM技术在装配式建筑施工管理中的应用。

6）加快装配式建筑安装工艺的技术突破

进一步完善装配式建筑现场施工工法，研究装配化吊装、构件安装、节点连接、装配校正、成品保护及防水等核心技术。重点实施针对装配式建筑结构体系的安全防护，推广运用定型化可变动的安全防护设备和可移动工具式防护架等，确保工地现场安全施工。

6 装配式装修

6.1 发展现状及研判

6.1.1 发展现状

装配式装修是将工厂生产的部品部件在现场进行组合安装的装修方式，主要包括干式工法楼（地）面、集成厨房、集成卫生间、管线与结构分离等。

近年来，我国装配化装修的发展大致经历了三个阶段：

1）政策引导部分企业尝试

1995年前后国内提出了“住宅部品”概念。在1999年的《关于推进住宅产业现代化提高住宅质量的若干意见》（国办发〔1999〕72号）中进一步明确建立住宅部品体系的具体工作目标。2002年《商品住宅装修一次到位实施导则》（建住房〔2002〕190号）发布，从住宅开发、装修设计、材料和部品的选用、装修施工等多方面提出指导意见建议。期间以万科为主的国内企业借鉴日本的内装技术，进行了装配化装修的初步尝试。这一阶段政府、企业的探索与尝试为装配化装修发展奠定了基础。

2）试点示范与政府倡导并行

我国着力推动SI住宅，基于干式工法作业的装配式装修技术不断发展。2010年住房和城乡建设部住宅产业化促进中心主持编制了《CSI住宅建设技术导则（试行）》。CSI（China Skeleton Infill）标准体系，针对我国住宅建设方式造成的住宅寿命短、耗能大、质量通病严重和二次装修浪费等问题，吸收开放建筑理论特点，借鉴了日本欧美发展经验，体现了中国特色。2008年中日技术集成试点工程——雅世合金公寓项目的建成。2010年，中国房地产业协会和日本日中建筑住宅产业协议会签署了《中日住宅示范项目建设合作意向书》，就促进中日两国在住宅建设领域进一步深化交流、合作开发示范项目等达成一致意见。在此期间北京市保障房采用装配式装修技术，取得突破性进展，以实创青棠湾公租房、高米店公租房、马驹桥公租房等为代表的一批保障性住房采用装配化装修，体现了施工便捷、质量优良的优势。装配式装修从局部装配发展到全屋系统解决方案阶段。

3）发展环境逐渐优化

以2016年国务院发布的《关于大力发展装配式建筑的指导意见》（国办发〔2016〕71号）为标志，装配式装修与装配式建筑同时受到关注。2017年住房城乡建设部发布国家标准《装配式混凝土建筑技术标准》GB/T 51231–2016、《装配式钢结构建筑技术标准》GB/T 51232–

2016，两部标准中对“装配式装修”的术语给出明确定义。一些地方政府也在积极编制装配化装修相关的标准规范，发展环境正在不断优化。

6.1.2 研判

我国装配式装修占比较低，住宅装修方式基本采用传统湿作业为主，装修方式粗放，材料消耗高，劳动效率低，装修品质差。落实全装修，采用装配式建造的方式，能够全面提升住房品质和性能，符合发展装配式建筑的最终目的，即实现节能减排、减少环境污染、提升劳动生产效率和质量安全水平。装配化装修作为传统装修转型升级的重要方向，将对传统装修的市场形成一定的冲击。综合考虑装配化装修的技术应用拓展，在保障性住房和公装市场被装配化装修率先占据的可能性更高。

6.2 主要问题及分析

6.2.1 较传统装修方式相比成本较高

由于工业化商品进入市场征收增值税，小规模的生产和装配也加重了经济负担，导致了在没有政策支持的情况下工业化内装成本较现场施工方式较高。

6.2.2 未能实施全装修设计施工一体化

目前装修与主体结构施工、机电设备安装等环节缺乏顺畅衔接。

6.2.3 装修个性化与成品模块化存在矛盾

装修设计图纸统一、材料统配，个性化空间不能充分体现，一旦完工，不能随意改动布局或者风格；配套生产线不成熟，导致装配式批量生产不够，且设计样式不够多样化。

6.2.4 装配式装修水平有待提升

目前工业化装修设计缺乏标准化、集成化、模块化，施工模式亟待推进，整体厨卫、轻质隔墙等材料、产品和设备管线集成化技术应用亟待加强，菜单式装修急需推进。

6.2.5 用户接受程度较低

由于一些项目全装修材料部品采购程度不透明，装修施工过程监督不能保证，装修监理规范程度不够，使得装配式装修工程可能存在质量隐患，导致购房者对装配式装修住房的信任度偏低。

6.3 国内外经验借鉴

6.3.1 美国

美国住宅装饰装修材料基本消除了现场湿作业，同时具有较为配套的施工机具。住宅室内外装修以及设备等产品十分丰富，品种上万，均实现了商品化供应，用户可以通过产品目录直接购买。

6.3.2 日本

日本的SI体系内装部品丰富多样，系统集成技术水平很高，实现了装修的部品化和产品化。以超高层集合住宅为例，施工建造总承包向业主交付成品住宅，且与业主充分沟通，了解业主方关于工程的各项意图和要求，施工建造总承包方全权负责建筑和装饰装修一体化设计。

6.3.3 我国示范城市

上海市在商品房领域有多年探索，市场在资源配置中的主导作用突出，企业作为市场的主体在发展中具有超前的眼光。万科是最早尝试引入国外成套装配化装修系统技术的开发商。2000年，万科在上海“新里程”装配式住宅项目中首次采用了日本的内装系统，包括：双重架空木地板、轻钢龙骨石膏板隔墙（内填岩棉隔声）、轻钢龙骨石膏板吊顶灯。此后，万科开始在普通住宅项目中大面积推广应用该套内装施工技术。2015年上海绿地集团南翔威廉公馆百年住宅项目顺利验收，国内首次将SI住宅以及百年住宅等国际化理念落地实施。以万科、绿地为代表的一批房地产开发企业不断探索装配式装修，为我国装配化装修在商品住宅领域的发展提供了典型示范。

北京市是我国装配化装修的领先城市，2010年以公租房为切入点开始装配化装修的实践。将装配化装修作为实施住宅产业化、绿色建筑行动的重要抓手。北京市《关于推进本市住宅产业化的指导意见》（京建发〔2010〕125号）中提出，“推广住宅一次性装修到位，对产业化住宅项目，100%施行一次性装修到位”，并提出有关产业化住宅的各种政策都适用于全装修住宅。《关于产业化住宅项目实施面积奖励等优惠措施的暂行办法》指出，对于产业化住宅“在符合相关政策法规和技术标准的前提下，在原规划的建筑面积基础上，奖励一定数量的建筑面积”。2014年《关于在本市保障性住房中开展绿色行动的指导意见》，提出公共租赁住房全面实施装配式装修，经适房、限价房试点实施装配式装修。2015年，北京市发布了《关于在本市保障性住房中实施全装修成品交房有关意见的通知》（京建法〔2015〕17号），并同步出台了《关于实施保障性住房全装修成品交房若干规定的通知》（京建法〔2015〕18号），规定从2015年10月31日起，凡新纳入北京市保障房年度建设计划的项目（含自住型商品住房）全面推行全装修成品交房。两个通知明确要求，经适房、限价房按照公租房装修标准统一实施装配式装修；自住型商品房装修参照公租房，但装修标准不得低于公租房装修标准。2017年颁布的《北京市人民政府办公厅关于加快发展装配式建筑的实施意见》（京政办发〔2017〕8号）再次提到“本市保障性住房项目全部实施全装修成品交房，鼓励装配式装修”。

北京率先在保障房领域推行装配化装修，截至2017年上半年，北京市保障性住房实施全装修成品交房规模达到39.6万套（含公租房）。其中，装配化装修规模超过590万m^2，约10万套，占比超过1/5。大量的项目实践支撑下，我国装配式主体结构与装配化装修一体化设计、施工模式日益成熟，为产业化发展总结了宝贵经验，引领国内装配化装修得到了进一步发展。

6.4 既有政策分析及建议

6.4.1 既有政策分析

《“十三五”装配式建筑行动方案》（建科〔2017〕77号）在完善技术体系的重点任务中提出：推行装配式建筑全装修成品交房。各省（区、市）住房城乡建设主管部门要制定政策措施，明确装配式建筑全装修的目标和要求。推行装配式建筑全装修与主体结构、机电设备一体化设计和协同施工。全装修要提供大空间灵活分隔及不同档次和风格的菜单式装修方案，满足消费者个性化需求。完善《住宅质量保证书》和《住宅使用说明书》文本关于装修的相关内容。

2018年批准的《装配式建筑评价标准》GB/T 51129–2017中提出，装配式建筑的承重结构主要由预制部品部件装配而成、围护和分隔墙体采用非砌筑方式，并实现全装修。“采用全装修”成为是否为装配式建筑的一票否决项，明确了全装修在装配式建筑评价中的重要地位。

现有的国家政策中着重强调了装配式建筑的全装修，而对于装配式装修的要求则没有强制性规定，仅有北京等几个试点城市将装配式装修作为绿色建筑的重要抓手。

6.4.2 建议

1）结合装配式住宅发展，同步研究推进住宅装配式装修，对装配式装修住宅给予土地、金融、税收等方面的扶持政策，例如针对开发商的金融优惠政策，针对购房者制定财政补贴和税收优惠政策。

2）装配式装修非常适合具有一定数量的标准化功能空间，继续推行在量大面广的保障性住房中实施装配式全装修。

3）强化装饰装修设计与建筑设计的集成，让装配式装修设计贯穿于整个建筑设计流程之中，统筹内装部品体系，应用内装部品模块，实现装饰装修部品化、装配化，推动打造装配式建筑的完整产业链。

4）构建完善的质量管理体系，将装配式装修纳入质量监管范围，将装修材料和部品进行认证和质量检测。

7 部品部件

7.1 发展现状及研判

7.1.1 发展现状

建筑部品部件的生产是装配式建筑实施过程中考验技术创新和设备开发能力最重要的

环节。部品部件的生产、运输与物流、质量控制与标准化、通用化都是十分重要的环节。部品部件种类的不同也决定了其吊装方式和机具的不同。

预制混凝土构件主要有墙体、楼板、楼梯等，其中我国装配式住宅的重要部品部件即墙板和楼板，现阶段住宅装配式以墙板为主。楼梯作为预制部件是比较适合的。目前，装配式混凝土结构设计、施工、构件制作和检验的国家、行业技术标准已经实施了，基本满足装配式建筑的实施要求，同时各地也在因地制宜地编制符合本地方的地方标准。我国混凝土预制构件应用领域广泛、结构形式和种类多样，构件生产厂家通过和业主、设计、施工、生产等工程实施主体的合作，促进预制混凝土工程的实施。

目前，我国已经建成构件生产厂超过200家，近3年建成100多条自动化生产线，形混凝土预制构件年设计产能2000万m^2以上，每年实际产量约为设计产能的一半，住宅部品涉及8000～10000种不同型号的产品，形成以流水线生产为主、传统固定台座法为辅的生产模式。目前大部分构件厂的预制内外墙、预制叠合楼板已经实现了流水线生产，预制梁柱、预制楼梯、预制阳台灯仍以台座法生产为主。

7.1.2 研判

我国装配式建筑部品体系已初具规模，很多单项技术和部品的性能已经达到国家领先水平，但很多部品距离高标准住宅部品的要求相差较远，尚未达到部品使用的性能规范化、设备安装标准化、生产制作模数化、尺寸规格系列化，此外，部品化水平较低和不完善的部品体系严重制约住宅产业的发展。

7.2 主要问题及分析

7.2.1 预制构件市场不成熟

我国装配式建筑发展处于初期阶段，混凝土预制构件市场还不成熟。很多构件厂缺乏对市场的认知与判断，盲目建厂、扩大生产规模，而且目前装配式建筑发展规模较小，市场需求不足，有些区域混凝土预制构件生产企业生产任务严重不足，面临产能过剩的压力，个别地区工厂处于待产状态，致使工厂亏损甚至倒闭。同时，产能过剩压力导致市场竞争加剧，个别地区甚至出现恶性竞争带来质量安全隐患和价格低走的恶性循环。

7.2.2 生产质量缺乏保障

目前，我国已取消对预制构件企业的资质审查认定工作，降低了构件生产的入行门槛，导致构件产品质量良莠不齐和区域布局不合理等情况出现。构件产品的质量监督监控及相关体系不完善，具体涉及原材料、模具、养护和运输等环节的详细规范标准目前也都较为缺失。自动化生产线的运行稳定性原因也导致了生产的构件质量参差不齐，构件报废率较高。

7.2.3 缺乏相关专业人才

目前，行业内未形成有效的交流和培训，许多专业人员缺乏预制工程实践的训练，对标准的理解和应用出现偏差，缺乏对实施具体工程的构件分析的灵活性和控制力，造成了技术经济性差，甚至引发相关质量问题，尤其是混凝土质量决定着混凝土预制构件的质量，而由于混凝土硬化阶段的问题不便于发现和纠正，拌合物阶段的质量只能依靠经验丰富的混凝土技术人员判定和控制，因此设立混凝土专业工程师和试验技术人员做好质量控制至关重要。

7.2.4 部品生产与设计和施工环节脱节严重

建筑部品（构件）设计企业存在一定问题。针对生产企业而言，不同项目拆分构件规格不统一，带来设计生产模具的改变、生产成本的提升和质量难以保证等问题。同时，由于建筑部品（构件）设计企业对现场情况不太了解，包括各种拉结件、预留孔洞、吊钉和钢筋套筒中心线等预埋件尺寸、位置与现场施工的准确衔接问题等，对于建筑部品（构件）设计企业来讲，能否准确把握这些因素存在一定风险。

7.2.5 构件生产标准化程度低

由于我国模数标准体系尚待健全，模数协调尚未强制推行，导致结构体系与部品之间、部品与部品之间、部品和设备设施之间模数难以协调。构件生产的标准化程度低，导致了构件种类、规格过多，在一定程度上增加了构件成本，降低了生产效率。

7.3 国内外经验借鉴

7.3.1 美国

美国现有装配建筑部品与构件产业化企业3000~4000家，所提供的通用梁、柱、板、桩等预制构件共八大类五十余种产品，其中应用最广的是单T板、双T板、空心板和槽形板。这些构件的特点是结构性能好、用途多，有很大通用性，也易于机械化生产。美国模块工程制造业从设计到制作已成为独立的制造行业，并已走上体系化道路。在生产品种方面，该产业为了竞争、扩大销路，立足于品种的多样化；全美国现有不同规格尺寸的统一标准模块3000多种，在建造建筑物时可不需砖或填充其他材料。

7.3.2 新加坡

新加坡在装配式建筑的发展过程中，在定制化、产业化、模数化、多样化体系等方面作出积极探索。目前，组屋的预制构件占到了60%。工业化生产确保了公共住宅质量精良、效率高、价格适中的特点。部品种类也丰富齐全，涵盖了不锈钢洗涤台、钢门、换气扇、窗以及浴室、洗脸间的下水系统。精良、标准化的生产确保了公共住宅的高品质特征。

7.3.3 日本

日本在20世纪70年代，对部品尺寸和功能就有了固定体系。日本预制建筑协会从1988年开始，对PC构件生产厂家的产品质量进行认证。20世纪90年代，日本住宅通用部件中1418类部品已经取得由第三方机构认证和确保的“优良住宅部品认证”；PC构件的加工生产偏重于提高质量和功效，并不强烈追求生产速度、生产规模等，并且在超高层集合住宅工程中，PC构件须经权威机构认定。

7.3.4 瑞典和丹麦

瑞典和丹麦早在20世纪50年代开始就已有大量企业开发了混凝土、板墙装配的部件。目前，新建住宅之中通用部件占到了80%，既满足多样性的需求，又达到了50%以上的节能率，这种新建建筑比传统建筑的能耗有大幅度的下降。

7.3.5 我国示范城市

2013年之后，北京逐步形成了“标准化”“模数化”“系列化”的标准构件和部品组合“标准模块”，“模块”组合建筑平面、空间和立面、多要素组合实现“建筑多样化”的设计方法。并且，开始以构件为基本模块的“构件建模、BIM信息库建立、虚拟装配、设计协同、工程量计算”等装配式建筑的BIM应用尝试。

济南政府发布多项政策支持装配式建筑部品企业的发展，符合市工业产业引导资金规定的建筑部品（件）生产企业、建筑产业化装备制造企业，可申请市工业产业引导资金；符合规定的建筑部品（件）生产企业，可按照《济南市节能专项资金使用管理暂行办法》申请节能专项扶持资金。同时，济南还加强了对部品部件生产的监管力度，济南市城乡建设委通过应用装配式建筑标准化部品物联网系统，建立建筑部品（件）认证体系和质量追溯制度，完善部品（件）设计、制作、运输、安装、监理等单位的责任追究措施，降低监管成本，确保工程质量安全。

7.4 既有政策分析

《关于大力发展装配式建筑的指导意见》(国办发〔2016〕71号)在重点任务中对“优化部品部件生产”具体提出：

引导建筑行业部品部件生产企业合理布局，提高产业聚集度，培育一批技术先进、专业配套、管理规范的骨干企业和生产基地。支持部品部件生产企业完善产品品种和规格，促进专业化、标准化、规模化、信息化生产，优化物流管理，合理组织配送。积极引导设备制造企业研发部品部件生产装备机具，提高自动化和柔性加工技术水平。建立部品部件质量验收机制，确保产品质量。

我国现有的装配式建筑政策中有关部品的强制性要求较少，基本集中在引导部品部件企业进行合理标准化的生产，对于部品质量的监管和生产技术的关注较为欠缺。

8 市场主体

8.1 发展现状及研判

当前，我国装配式建筑企业数量和产能都已取得了显著的发展。我国装配式住宅产业已形成了多种类型企业，包括开发建设类企业、设计类企业、内装类企业、构件和部品部件生产企业以及集开发、设计、生产、施工等为一体的大型集团型企业。

根据住房和城乡建设部2016年开展的全国装配式建筑情况调查，截至2015年底，全国从事装配式建筑设计、生产和施工类企业约1500家，其中设计单位129家、施工单位221家、生产企业1170家（各省一般未统计生产规模较小的钢结构生产企业）。

截至2015年底，全国装配式建筑构件生产企业约611个，生产线共计1786条，钢筋混凝土预制构件产能约为1亿m^2，钢结构构件产能约6000万t。

截至2015年底，装配式建筑配套部品生产企业约468个，总生产线约有762条。其中，整体墙板产能6000多万m^2，结构保温装饰一体化外墙产能5000多万m^2，预制楼梯产能约2000万m^2，整体厨房产能为84万台（套）/年，整体内装体系产能约9000万m^2。

建筑预制构件也获得了一定的发展，部分企业开始自主研发，陆续兴起一批装备制造企业。根据住房城乡建设部2016年开展的全国装配式建筑情况调查，截至2015年底，专用施工设备机具生产企业约91个，其中预制混凝土生产设备企业70个，产能为5642台（套）/年；专用运输设备企业8个，产能约为7万台（套）/年；专业施工设备企业13个，产能为25万台（套）/年。

2015年建筑装饰行业的产值规模已经达到38万亿元，公装约25万亿元规模，家装1万亿元规模。由于传统建筑装饰行业集中度低、企业规模偏小，装饰企业单位达到14万家，其中有营业执照的单位不到7万家，其中优质资质的单位不到2000家，前十名家装公司所占的市场份额不足10%。装配化装修对于我国传统装修领域来讲是一种革命性的创新，在我国供给侧改革政策的推动下，建筑产业链上的关联实力企业，纷纷涉足尝试。大量的项目实践支撑下，我国装配式主体结构与装配化装修一体化设计、施工模式日益成熟，为产业化发展总结了宝贵经验，引领国内装配化装修得到了进一步发展。

在装配式建筑发展过程中，重点企业的带动作用非常明显，万科集团、中国建设科技集团、中建集团等大型企业相继投入装配式建筑的研发和建设中，为大力推动装配式建筑发挥了重要作用。

国家住宅产业化基地企业已逐步发展成为产业关联度大、带动能力强的龙头企业。自2006年建设部下发《国家住宅产业化基地试行办法》(建住房〔2006〕150号)后，截至2016年，共批准了68家国家住宅产业化基地。这些基地企业供给能力不断增强，带动了整个建筑行业积极探索和转型发展。自主创新能力不断增强，加速了科技成果向现实生产力的转化，一些具有共性与前瞻性的核心技术得到了开发和应用。装配式建筑设计、部品和构配件生产运输、施工以及配套等能力不断提升。通过集中力量探索装配式建造方式，以点带面，促进了建筑质量和性能的提升，推动了建筑业技术进步，为全面推进装配式建筑发展发挥了重要的引领带动作用。

8.2 主要问题及分析

8.2.1 开发建设类企业

开发建设类企业多数以资金运作和建设施工为主，注重降低成本提高当期收益，多数缺乏专业熟练的施工队伍，降低了装配式住宅全生命周期效益。

开发建设类企业往往以项目公司进行运作，多数以资金运作和建设施工为主，注重尽可能降低建设成本，追求利益最大化，对研究、设计、生产、运营维护把控较弱，易忽视装配式住宅全生命周期效益。承担装配式建筑的施工队伍不专业、不熟练。

8.2.2 设计类企业

设计类企业集成全产业链进行设计的能力不足，研究和设计人才短缺，同时较低的设计取费也制约了企业开展装配式住宅研究和设计的积极性。

大多数设计类企业对全产业链集成把控能力不足，将装配式建筑的设计简单理解为对原有设计的“二次拆分”。我国传统的“建筑设计”属于相对独立的行业，设计时无需过多考虑生产、施工工艺流程。在装配式住宅设计中，由于对标准化设计与产业链各环节相互配合的要求较高，设计单位需注重与工厂、工地的联系，但是很多设计企业仍未对此有充分认识或者即便认识到也未能从设计环节真正改变设计模式，引发了生产、运输、建造、安装过程中不适用、不配套、不经济等问题。对于装配式建筑而言，前期的设计环节会直接影响到设计优化、构件成本、运输成本、现场建造速度以及建筑质量。装配式建筑设计和研究涉及细分专业广、产业链环节多，需要复合型专业技术人才，且能够与设计和研究的上下游各方有效沟通与协作，但是当前此类人才十分匮乏。装配式住宅设计总体要求较高，设计师工作量和工作时间成倍增加，但装配式建筑设计的取费无针对性标准，重要性得不到体现。

8.2.3 生产及运输类企业

生产及运输类企业认知模糊、建厂盲目、生产被动、税赋较重，预制构件物流运输企业专业运送能力较弱。

构件生产企业处于产业链的末端，构件开发生产与项目设计、施工环节沟通受限，造成构件生产企业对装配式住宅产业认知模糊、建厂盲目、生产被动的局面。一方面部分企业产能过剩，生产线全年忙闲不均影响生产线的产能发挥，制约了生产效率，提高了构件成本。据不完全统计，截至2015年年底，混凝土预制构件设计产能在2000万m^3以上，每年实际产量约为设计产能的一半，生产企业面临巨大的产能过剩压力。另一方面，部分企业供大于销，出现供给过剩。此外，构件生产企业预制构件需缴纳17%增值税，建厂摊销成本高，构件购置叠加的税负重。

预制构件物流运输企业专业运送能力较弱。预制构件因为放置和装运不合理，在存储、运输、吊装等环节易发生损坏且很难修补，既耽误工期又造成经济损失。装卸车等待时间过长、运输车空驶率较高，导致运输成本较高，同时造成运输能耗浪费和环境。虽有个别企业在积极研发预制构件的运输设备，但仍处在发展初期，存储和运输方式仍较为落后。

8.2.4 内装类企业

内装类企业受限于产品种类缺失，以及内装设计与项目整体设计脱节，以至多数仍然以传统家居装修业务为主，未能在装配式住宅中占据应有之席。

现有的内装类企业仍然以传统家居装修业务为主，特别是集中在整体卫浴与整体厨房装修以及少量空调系统，未能在住宅各功能区域全部实施。内装的各类功能设置和产品要求在设计阶段未能被充分考虑，同时受限于设计人员进行设计时选择产品的权限，内装的设计与项目整体设计较为脱节。

8.3 国内外经验借鉴

8.3.1 发达国家

美国、日本、新加坡的装配式建筑企业发展经验表明，随着产业发展，市场主体逐步呈现规模扩大、产业融合的趋势。

20世纪90年代初期，美国建筑业行业整合加强。1998年，现场建筑企业前50家最大的企业市场份额仅16%。普通建筑商开始并购住宅工厂化生产商或建立伙伴关系。绝大部分工厂化生产商也积极发展与普通建筑商的合作关系，目前15%~25%的销售直接针对普通建筑商。当前美国建筑业五类市场主体包括：①大板住宅生产商；②住宅部件生产商；③特殊单元生产商；④住宅组装营造商；⑤活动住宅、模块住宅、大板住宅分销商。美国建筑业市场份额在向大型跨区域经营的住宅公司集中。

日本住宅产业链非常完善，市场份额主要属于具有设计、加工、现场施工和工程总承包能力的建筑承包商，很少存在单独的PC构件加工企业。在生产规模和市场需求有限的情况下，构件企业通过提高质量和技术含量等来提高附加值实现盈利。

新加坡的建筑产业聚集度也较高。20世纪90年代，新加坡仅12家装配式建筑企业，年生产总额就高达1.5亿新币，占其全国建筑业总额的5%。

8.3.2 我国示范城市

我国上海、深圳、沈阳等装配式建筑产业发展较好的地区，企业呈现出集群式、互补式发展态势。

截至2017年5月，上海地区预制构件登记备案企业共52家，设计产能达1500万m^2，预制构件产能基本能够满足在建项目需求。

深圳创建了6个国家级装配式建筑产业基地，拥有不少于200家装配式建筑企业，类型覆盖全产业链，包括深圳及周边150km范围内现有预制构件厂和水泥制品厂30余家，供应深圳万科、华阳国际、中建钢构等龙头企业。

沈阳为推动市场主体发展，打造了以铁西现代建筑产业园为核心的特色产业集群，积极构建现代建筑业全产业链。2012年，装配式建筑和现代建筑产业产值首次突破1000亿元。沈阳装配式住宅产业引进日本积水住宅、沈阳远大、中南建设，拥有沈阳亚泰、沈阳万融、北方建设、辽宁精润、沈阳卫德住工科技等企业。

8.4 既有政策分析及建议

8.4.1 既有政策分析

《“十三五”装配式建筑行动方案》提出“形成一批装配式建筑设计、施工、部品部件规模化生产企业”的工作目标，明确了增强产业配套能力的重点任务是：

统筹发展装配式建筑设计、生产、施工及设备制造、运输、装修和运行维护等全产业链，增强产业配套能力。

培育一批设计、生产、施工一体化的装配式建筑骨干企业，促进建筑企业转型发展。

发挥装配式建筑产业技术创新联盟的作用，加强产学研用等各种市场主体的协同创新能力，促进新技术、新产品的研发与应用。

现有国家和行业主管部门对市场主体的引导政策尚不健全。

8.4.2 建议

1）建议强化市场主体协作模式

引导各类企业主体依据自身优势设定在装配式住宅产业中的发展定位，鼓励企业有序竞争。完善现行项目建设管理方式，简化设计招投标、规划、人防、消防、建筑产业化专项审批。完善产业链条衔接协调机制，通过学会协会、产业联盟等多种组织方式，衔接项目业主、开发建设企业、设计企业、构件企业、内装企业、质量监管等多主体协同。

2）建议增强对装配式大型龙头企业的引导和扶持

建议政府指导加强市场主体能力建设，重点培育和发展一批产业链相对完整、产业关联度大、带动能力强的龙头企业或产业集团。提倡工程总承包（EPC）模式。通过技术创新掌握成熟适用的技术与工法体系，通过管理创新提升企业现代化的经营管理水平，建立“研发—设计—构件生产—施工装配—运营管理”等环节一体化的现代企业发展模式。鼓励企业建立与装配式住宅相匹配的现代企业管理制度，提升项目组织管理能力，加强质量监管等方面的机制创新；提质增效、降低成本。采取政策保障、财政补贴、税费减免等多种措施支持企业开展装配式住宅工程总承包。推行装配式住宅运行维护评价奖惩机制，引导龙头企业从全生命周期评估其效益，设定市场战略。推动装配式住宅在保障性住房之外其他项目上的推广，扩大装配式住宅的市场空间。

3）建议增强对装配式设计及施工企业的引导和扶持

完善装配式住宅标准体系，强化建筑材料标准、部品部件标准、工程建设标准之间的衔接，强化相关标准的执行力度。加强技术交流与人员培训，提升行业内设计水平以及施工人员的专业能力。鼓励企业进行新工艺、新工法的研发，鼓励企业进行房屋建造技术的集成创新，掌握关键技术与工法体系，加强设计、生产、施工及部品部件的系统集成能力。

4）建议增强对装配式构件运输企业的引导和扶持

建立构件设计标准化推动装配式建筑物流运输标准化；解决运输政策制约问题，对运输预制混凝土构件、钢结构构件、钢筋加工制品等的运载车辆在物流运输、交通畅通方面给予支持；发挥专业化物流运作优势，积极发展第三方物流体系建设，转化和分散运输风险，提高运输服务质量。同时，鼓励相关企业研发预制构件专用存储、运输及配套设备，引进和学习国外先进的甩挂运输设备生产技术和运输物流信息化管理系统，鼓励设备和机具升级。

5）建议增强装配式配套装备制造企业的引导和扶持

装配式建筑是一个生产方式、管理方式的变革，这种方式的变革需要配套的机具、设备做保障，完全靠手工方式的调整很难适应装配式建筑发展的质量需要和工业化生产的需要，因此需要加快发展装配式建筑配套装备制造业。

6）建议增强装配化装修企业的引导和扶持

装配化装修可以实现对传统装修的替代，装修领域企业转型升级的需求十分迫切，装配化装修作为传统装修转型升级的重要方向，将对传统装修的市场形成一定的冲击。综合考虑装配化装修的技术应用拓展，在保障性住房和公装市场被装配化装修率先占据的可能性更高。新建装配式建筑市场将快速增长。随着装配式装修技术的成熟与推广，未来10年新建装配式建筑中的应用将是一个重要的目标市场既有建筑改造市场有待发掘。装配式装修因其装修过程快、噪声小、建筑垃圾少更适合于在既有建筑改造领域应用。我国存量建筑领域将会成为拓展装配化装修的更大市场。

9 人才队伍

9.1 发展现状及研判

2015年年底，建筑业从业人数5003.4万人。多年以来，随着装配式住宅的发展，在试点示范项目的推进过程中，特别是由于行业内交流、培训力度不断加大，形成了一批具备设计、生产、施工全产业链的人才队伍。

1）上海市

举办了多期上海市装配式建筑专项设计技术实训基地研修班，目的在于提高设计技术和管理人员对装配式建筑的设计水平和应用能力，保证建设工程设计文件的质量。课程内容结合国内外装配式建筑的工程实例，分享预制装配式建筑关键技术和深化设计方法，总结交流预制装配式方案技术在实际工程实践中经验。

2）北京市

长期召开“推进住宅产业化工作”公益讲座，讲座以北京市在建住宅产业化项目为例，交流装配式建筑项目的技术和管理要点。各区(县)质量监督机构以及开发、设计、施工、构件生产、科研单位的管理和技术人员参加了讲座。组织召开了企业对接会，加强开发企业设计单位与构件生产企业之间的联系，建立畅通的沟通渠道，确保项目顺利实施。

3）沈阳市

对开发企业管理人员、专业技术人员、一线工人三个层面，广泛开展技术讲座、专家研讨会，技术竞赛等培训活动。成功举办了中国(沈阳)现代建筑产业博览会，并得到了社会各界的一致好评。这些工作的开展有力推动了沈阳建筑产业化工作形成了良好的舆论氛围，使沈阳市建筑业向建筑产业现代化方向转型升级成为共识。

9.2 主要问题及分析

目前建筑业的一线技术与管理人员的学历普遍较低，特别是大量从事建筑业的工人及农民工，基本上都是初中以下学历。很多从业人员没有受过培训，大多无职业资格；全国建设行业本科学历的管理人员比例更低。

9.2.1 装配式生产方式对从业人员的能力提出更高要求

装配式建筑带来了建筑全行业生产方式的变化，原有的技能岗位和专业要求变化，现场操作转为车间操作，手工操作转为现场安装。工地的施工方式和工序也产生了巨大变化。当前各地不论在设计、施工还是生产、安装等各环节都存在人才不足的问题，严重制约着装配式建筑的发展。而建筑业走向工厂化的装配式建造方式，是弥补现阶段建筑业高技能劳动力短缺的有效途径。传统建造方式的农民工需适应这些变化，将其由粗放型提升为技术工人、“蓝领”工人。推进装配式建筑过程中，产业结构升级也对行业高端人才提出了新的要求，全行业技术与管理人才需求存在巨大缺口。建筑业的行业传统工种，通常有木工、泥工、水电工、焊工、钢筋工、架子工、抹灰工、腻子工、幕墙工、管道工、混凝土工等岗位。做装配式建筑后，一些墙体、楼梯、阳台等部品构件在工厂中就已经制作好，工人的现场操作就仅是定位、就位、安装及必要的小量的现场填充结构等步骤，所以木工、泥工、混凝土工等岗位需求将大大减少。同时，采用装配式工法施工后，多采用吊车等大型机械代替原来的外墙脚手架，所以架子工也将无用武之地了。吊车司机、装配工、焊接工及一些高技能岗位可能愈发具有需求量。

9.2.2 装配式住宅人才专业结构和年龄结构不合理

业内缺乏既懂技术和管理，又善经营的复合型人才，同时，一线操作人员老龄化严重，高技能实用人才严重短缺，传统建筑行业对新进年轻劳务人员缺乏吸引力。

9.2.3 装配式建筑人才培养资源匹配难

装配式建筑的新技术呼唤着建筑行业新工种的出现，在这样的形势下，装配式建筑的教育与职业教育，一方面，要对已有的教育模式进行加强；另一方面，又能够适应装配式建筑行业发展的进步与变化。装配式建筑人才的培养需要对接行业全产业链的革新与发展，但因装配式建筑人才的培养长期受到师资队伍、优质课程、理实衔接、实训基础、就业渠道不足等问题的困扰。同时，我国高等教育和职业教育的改革严重滞后于装配式建筑的发展，后备人才培养严重不足，需要进一步进行培养方案、课程体系及实践环节的改革，为装配式建筑的发展提供高层次人才。

9.2.4 装配式住宅人才评价、激励和保障配套机制不完善

人才培养机制与行业发展需求不相适应，缺乏人才评价、激励、保障等配套政策。

9.2.5 装配式技术人才严重紧缺

构件化的装配式设计流程、装配式的施工过程给设计、施工也提出了新的技术挑战，BIM技术在装配式建筑中发挥了重要的作用，利用BIM技术可以实现对设计、构建、施工、运营的全专业管理，并为装配式建筑行业信息化提供了数据支撑。掌握BIM技术、了解装配式建筑下的设计、施工工艺技术的人才存在严重不足。新型技术人才缺失。除了BIM技术、新兴的技术对装配式住宅的发展将起到越来越重要的作用、3D打印、VR技术、物联网、建筑机器人等技术需要目前行业的从业人员对这些技术以及技术在工程中的价值有一定的认识。各个城市都亟需装配式住宅建设相关各环节、各专业人才。装配式住宅教育缺位，高校与技术院校尚未专门培育相关人才。

9.2.6 装配式施工人员能力良莠不齐

以施工队伍为例，建筑行业传统现浇生产方式以粗放型、劳动力堆积型为主，产业工人对施工技术的投入程度有限，对施工质量的侧重点主要是建筑材料的制作工艺、现浇作业模板的拼装质量，这些侧重点缺乏严格的施工精度要求。相比之下，装配式建筑现场施工由构件的安装、节点的浇筑等工艺组成。构件的安装精度直接影响结构的防水、保温、隔热性能，而节点的浇筑质量决定结构构件的传力途径、承载能力、抗震性能。但当前，传统现浇作业的产业工人缺乏必要的专业素养和质量意识，难以满足新的生产方式对施工质量的要求。

9.2.7 装配式项目管理人才综合能力较弱

装配式建筑项目从设计、施工到项目交付运营，都发生了很大的变化，传统的工程项目管理人员缺乏工业化的管理思维，对整个装配式建筑设计、生产、施工流程缺乏系统的认识。目前大力发展的装配式建筑对从业管理人员提出了重要的挑战。亟需具有装配式建筑设计经验的技术人才、具备装配式建筑一体化管理能力的项目经理、装配式建筑一体化监督管理经验的监管人才等管理人才。

9.2.8 装配式混凝土建筑专业人才

设计行业从业的建筑师和工程师对预制混凝土技术及其特点的了解程度普遍偏低，大部分项目依然需要二次拆分，不符合装配式建筑整体设计要求；

9.2.9 装配式钢结构建筑专业人才

高校中尚没有一个学校开设有专门的钢结构专业，中高等专业学校的教学内容均未涉及钢结构住宅建筑体系，专门研制钢结构住宅的人员较少，大多数设计和施工单位在传统结构体系方面有专长，而在轻钢结构住宅方面缺乏相关的经验。

9.2.10 装配式木结构建筑专业人才

中国木结构学科已经无形消亡近50年。由于中国现代木结构建筑在整个建筑领域中所占比重持续走低，国内大专院校大多停办木结构课程，科研投入严重不足，科研设计部门中原有的木结构专业科技人员改弦易辙，同时也缺乏类似国外“木造建筑师”的行业人才培训机制，木结构设计方面的专业人才欠缺。

9.3 国内外经验借鉴

国内外在人才培养上已经有了一些宝贵经验，行业内的培训交流力度也在不断加大。

9.3.1 新加坡

在各大院校开展BIM系统的专业课程，培养在校学生和在职人员的信息化、系统化管理的专业技能。

9.3.2 我国示范城市

济南组织编写了《装配整体式混凝土结构工程施工》和《装配整体式混凝土结构工程操作实务》两本教材，重点对专业人员进行上岗培训及教育，并在大中专院校设立了装配式建筑专业学科组织了建筑物联网系统讲座，邀请市建委相关处室、建设单位、产业化基地企业参加，加深了管理部门、单位及企业人员对建筑物联网系统的认识与了解。开发了“装配式建筑虚拟仿真实训系统”。

沈阳的沈阳建筑大学、沈阳大学、沈阳城市学院增设了装配式建筑课程，辽宁城市建设学校设置了装配式建筑专业 。

深圳加强管理人员能力培养和产业工人实训，建立了10个装配式建筑实训基地，可以开展9大工种实训。

9.4 既有政策分析及建议

9.4.1 既有政策分析

《“十三五”装配式建筑行动方案》(建科〔2017〕77号)

在“培育产业队伍”的重点任务中提出：开展装配式建筑人才和产业队伍专题研究，摸清行业人才基数及需求规模，制定装配式建筑人才培育相关政策措施，明确目标任务，建立有利于装配式建筑人才培养和发展的长效机制。

加快培养与装配式建筑发展相适应的技术和管理人才，包括行业管理人才、企业领军人才、专业技术人员、经营管理人员和产业工人队伍。开展装配式建筑工人技能评价，引导装配式建筑相关企业培养自有专业人才队伍，促进建筑业农民工转化为技术工人。促进建筑劳务企业转型创新发展，建设专业化的装配式建筑技术工人队伍。

依托相关的院校、骨干企业、职业培训机构和公共实训基地，设置装配式建筑相关课程，建立若干装配式建筑人才教育培训基地。在建筑行业相关人才培养和继续教育中增加装配式建筑相关内容。推动装配式建筑企业开展企校合作，创新人才培养模式。

国务院在2016年10月21日出台《关于激发重点群体活力带动城乡居民增收的实施意见》(国发〔2016〕68号)，其中对技术工人的激励计划为建筑业工人转型提供了支持。为了鼓励相关单位、企业、院校、科研院所等参与装配式建筑人才培养，国家联合相关领导部门将通过政府财政扶持、协调指导评估认证等方式，鼓励装配式建筑相关机构、单位或企业、院校等参与装配式建筑的人才。

现有国家和行业主管部门对装配式住宅产业人才培育的引导和保障政策尚不健全。

9.4.2 建议

由于装配式建筑是对建筑全行业的革命，从事研发、设计、项目管理、监理、造价、质检、安检、施工、材料全产业链的人员都需进行培训与升级。

1）建议制订装配式建筑人才工程发展规划，建立“培育、评估、奖励”的引导机制和保障政策

建议住房城乡建设部联合国家发展改革委、科技部、财政部、教育部等部门，通过政府财政扶持、购买服务、协调指导、评估认证、政策优惠等方式，鼓励装配式建筑相关机构、单位或企业、院校等参与装配式住宅的人才培养，建立政府指导、企业主导、协会统筹的模式。

装配式建筑人才队伍建设包括管理、设计、生产、施工、监理、检验检测、验收等人员的职业教育和培训。首先，通过装配式建筑技能人才调查，摸清行业人才结构和需求规模，制定产业队伍发展规划，建立有利于装配式建筑工人队伍发展的长效机制。其次，制定从事装配式建筑工作的各类人员标准，研究设立有关装配式建筑的职业工种。最后，加强岗位专业、职业技能和职业道德规范培训，落实先培训后上岗，培育新型建筑产业工人鼓励总承包企业和专业企业建立专业化队伍，高等院校及职业院校相关专业要调整增加装配式建筑方面的教学内容。相关专业执业资格考试和继续教育要强化装配式建筑内容。以产学研合作教育为主体的装配式建筑教育培养模式，通过搭建企业与企业、院校与企业合作平台，联合院校与企事业单位建立装配式建筑实训基地，推广装配式建筑教育体系，其中包括人才培养基地和人才实训基地。同时，充分发挥协会与联盟作用，调动装配式建筑企业和建筑工人的积极性，大力提升建筑产业工人队伍的整体素质和水平。

积极开展装配式建筑工人技能评价，促进建筑业农民工转化为技术工人。建立装配式建筑人才培养标准与职业技能鉴定体系，建立装配式建筑的定期学习培训制度。培训后通过考试对合格人员颁发相应资格证书，取得资格证书后方可从事装配式建筑的技术和管理工作。加强高等教育、继续教育与职业化教育协调发展，重点加大职业化教育的扶持力度，保证装配式建筑人才形成后备梯队。

2）建议建立装配式建筑的高等教育和职业教育体系

建议住建部联合教育部等部门，在本科、高职院校设立装配式建筑专业课程及专业，开展在线、数字课程和教材的开发、遴选、更新和评价机制，制定一套科学、系统、实用、紧贴产业生产实际的装配式建筑系列教材。

3）建议强化装配式建筑的职业培训和技术交流体系

加强产业工人的培训，建立一整套制度及相关培训机构。亟需在未来5年着力培训以下四类人才：一是具有装配式建筑设计经验的技术人才；二是掌握装配式建筑工厂制作、现场安装技术的产业工人；三是具备装配式建筑一体化管理能力的项目经理；四是具有装配式建筑一体化监督管理经验的监管人才。发挥国内协会、学会等社会组织的作用，组织开展行业整合企业、院校等资源整合、利用互联网手段，编制在线教育教程，降低继续教育成本；加强行业技术交流。

4）建议加强对装配式建筑从业优势的宣传

装配式建筑带来了新型的人才需求，需对新进入行业的年轻劳务人员培训后上岗，以适应装配式建筑变革的需要。实现建筑产业化后，农民工将转变为技术工人，将对年轻劳务人员产生较大的吸引力，但目前缺乏宣传，年轻人对此缺乏了解，同时缺乏相应的培训机构，导致其进入装配式建筑行业困难。需要借助产业转型的契机，利用传统的社会资源，建立与装配式建筑发展相适应的职业技能培养体系，完成农民工向技术工人的转变。

10 项目组织实施方式

10.1 发展现状及研判

我国的EPC模式主要应用在化工、石化、水利等领域，在房屋建设领域应用较少。2013年，由中建国际投资（合肥）有限公司承建的合肥市蜀山产业园公租房四期项目是目前国内首个应用EPC模式的装配式住宅项目。目前主要有大型产业集团、工程总承包联合体两类工程总承包主体。

工程总承包区别于传统的施工总承包。工程总承包是国际通行的工程建设项目组织实施方式。“推行工程总承包”是目前装配式建筑总承包模式的发展方向，是装配式建筑特点对承包模式的内在要求，也是解决目前行业产业链各方难于协调、不能充分发挥装配式结构体系优点的有效举措。当前，在我国装配式住宅产业中，工程总承包模式发展缓慢。

10.2 主要问题及分析

10.2.1 现行项目管理和实施各环节不畅通

现行项目建设管理的方式对装配式建筑的发展制约很大。工程分段管理的模式对装配式建筑工程的完整性影响很大，在招投标、规划设计、施工管理、构件生产、质量验收、竣工验收等方面均存在前后互不衔接的情况，造成管理成本高，质量提升困难、责任难以界定的问题。涉及的设计招投标、规划、人防、消防、建筑产业化专项审批，需要与甲方、构件厂、内装企业、施工总包、质量监管等多部门配合，流程复杂，周期长，管理重点不一。

项目全程参与单位多，设计、生产和施工信息沟通滞后，全产业链技术集成和协同控制程度低，难以管理，协调解决工作界面划分、责任、工期、质量等问题耗费大量人力物力。业主招标后期变更多，新材料、新技术、新工艺难以及时落实于项目建设，开发建设企业难以控制成本。项目受限于设计思路，设计存在深化设计硬性拆分预制构件的情况，对构件生产、安装了解不够，设计经济性、合理性、施工可行性难以保障。施工受限于市场及供货现状，预制构件供货不及时，难以满足进度要求，影响施工进度，相比传统现浇结构，施工方需要更长的前期策划时间。

10.2.2 招标环节设计与施工分割造成各自为政

我国建筑业实行设计和施工分开招投标，不能充分发挥工程总承包模式的优势，使EPC模式下的装配式住宅推进难以成为一个完整的系统工程。传统的建设组织方式下，设计、生产、施工、组织、管理各自为战，代表不同的利益主体，其结果是设计不考虑生产和施工，主要以“满足规范”为目标，达不到生产、装配的深度要求；施工企业在利益驱使下，总在找各种理由（包括拆改、设计不合理造成的浪费等）向建设方争取费用，造成设计和施工效率低下、浪费严重且不易统一协同，尤其难以满足装配式建筑全过程、全产业链集成的客观要求。

10.2.3 从业资质管理制约了企业优势发挥

我国实施的资质管理制度，从设计管理、招投标管理、施工管理、构件生产的管理到质量验收监督，大部分制度主要针对传统建筑生产方式设计。例如，《建筑法》关于资质管理做出规定，设计单位应该在取得相应等级的资质证书后，方可在其资质等级许可的范围内从事建筑设计活动，但是，目前具备预制装配构件设计能力的是从事预制装配建筑施工和构件生产的建筑施工企业、构件生产企业，其并不具备相应的设计资质，无法从事相关的设计工作。招投标管理中混凝土工程有关的文件主要依据混凝土现浇生产方式制定，无论是预算定额、清单规范，还是招投标软件和预算计价软件等，都存在这一问题。

10.2.4 设计环节技术协同的重要性未能得到足够重视

传统的现浇混凝土结构在设计时，建筑、结构、电气等一次进行，相对独立，待施工时根据反馈问题对图纸进行变更，因此设计阶段的管理集中在后期。而装配式结构在设计之前就需要考虑装配式构件的深化设计、构件的生产和运输、施工现场的构件连接、后期的住宅维护等问题，因此设计阶段的管理增加了技术难度和工作强度。

装配式混凝土结构住宅在各阶段的设计协同工作比普通现浇住宅更加复杂，需要考虑的因素主要包括：主体结构与内装部品的协同、PC构件与机电管线的协同、各PC构件钢筋及预埋件布置之间的协同、PC构件安装过程中各部件的协同、PC构件布置／连接节点工艺与构件加工／现场施工技术方案之间的协同等。在设计的各阶段均需针对以上技术内容进行协同配合，统筹考虑，才能保证建筑品质、PC构件加工质量和效率、现场施工质量和速度，最终达到质量品质优异、成本可控的目标。这需要设计人员不仅非常熟悉前期设计工作，还需要对PC构件的加工工艺、现场安装和施工工艺、施工流程等全面掌握，在设计流程上也必然是“方案户型设计”“初步设计”“施工图设计”“详图设计”“工艺设计”5个阶段相互联系，互相协同。

10.2.5 工程总承包承担主体能力不足

当前，承担装配式住宅总承包的企业多数为具有特级或一级工程总承包资质的建筑施工企业。我国大型建筑施工企业由于长期承揽以现浇技术为基础的工程任务，不具备预制装配式结构施工能力，而我国《建筑法》规定，实施施工总承包的，建筑工程主体结构的施工必须由总承包单位自行完成，所以总承包单位不能将自己不能完成的预制装配建筑施工任务转包，造成实际施工困难。施工队的整体业务素质参差不齐，需要提高。住宅发展的途径是标准化设计、工厂化生产、现场装配化施工，完全是工业化的发展模式，这就需要有高素质专业化的施工队伍。而现在的工程施工多数仍然沿用传统的粗放式管理模式，人员的专业技能良莠不齐，难以满足工业化生产需要，特别是在“三板”安装、结构安装、设备与管线安装、整体厨卫等模块化安装等方面问题尤为突出，施工速度优势得不到发挥，更为严重的是影响到施工质量以及钢结构住宅的推广。多数企业仍沿用施工总承包方式进行装配式建筑施工，与工程总承包相适应的企业组织架构和管理制度还未建立，高效的项目管理体系也有待完善，亟待向具有工程管理设计、施工、生产、采购能力的工程总承包企业转型。

10.3 国内经验借鉴

1）深圳、北京、厦门出台了相关政策，从政府推进项目进行尝试。

2）深圳大力推广EPC模式，全市已有11个项目采用该模式，占项目总数1/6。

传统施工与工程总承包区别 **表3-10-1**

主要区别	传统施工总承包模式	EPC总承包模式
承包阶段范围	◆专业分包分别、多次招标 ◆责任主体多 ◆协调难度大	◆一次性招标 ◆技术标准和范围由业主确定 ◆总承包企业作为第一责任主体
承包主体	◆总包单位、专业分包单位、材料设备供应商	◆EPC总承包单位
招标条件	◆评标方法必须采用经评审的最低价法	◆评标方法可采用综合评估法
项目管理方式	◆照图施工 ◆多次招标平行发包	◆限额设计，后组织施工 ◆EPC直接分包
工期	◆建筑方案征集、完善报规 60天 ◆立项、环评、可研报批 30天 ◆勘察设计招标 30天 ◆初步设计及审查 60天 ◆施工图设计及审查 60天 ◆工程量清单及控价编制 20天 ◆招标控制价评审 10天 ◆施工总承包招标 30天	◆建筑方案征集、完善报规 60天 ◆立项、环评、可研报批 30天 ◆技术标准及模拟清单编制 20天 ◆招标控制价评审 10天 ◆施工总承包招标 30天
耗时	◆约300天	◆约150天

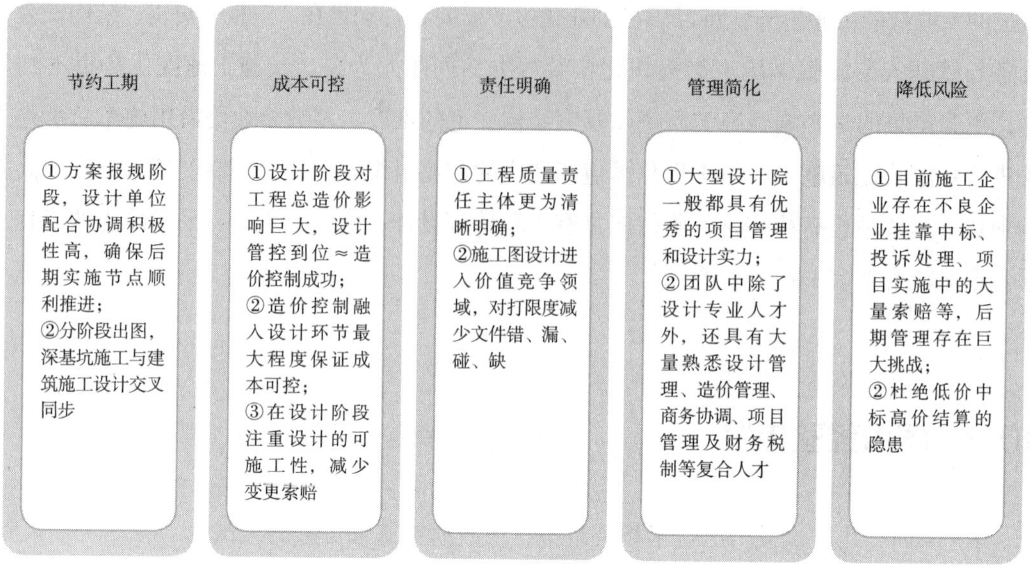

节约工期

①方案报规阶段，设计单位配合协调积极性高，确保后期实施节点顺利推进；
②分阶段出图，深基坑施工与建筑施工设计交叉同步

成本可控

①设计阶段对工程总造价影响巨大，设计管控到位≈造价控制成功；
②造价控制融入设计环节最大程度保证成本可控；
③在设计阶段注重设计的可施工性，减少变更索赔

责任明确

①工程质量责任主体更为清晰明确；
②施工图设计进入价值竞争领域，对打限度减少文件错、漏、碰、缺

管理简化

①大型设计院一般都具有优秀的项目管理和设计实力；
②团队中除了设计专业人才外，还具有大量熟悉设计管理、造价管理、商务协调、项目管理及财务税制等复合人才

降低风险

①目前施工企业存在不良企业挂靠中标、投诉处理、项目实施中的大量索赔等，后期管理存在巨大挑战；
②杜绝低价中标高价结算的隐患

图3-10-1 工程总承包模式五大优势

10.4 既有政策分析及建议

10.4.1 既有政策分析

《关于大力发展装配式建筑的指导意见》(国办发〔2016〕71号)在重点任务中对“推行工程总承包”具体提出：装配式建筑原则上应采用工程总承包模式，可按照技术复杂类工程项目招投标。工程总承包企业要对工程质量、安全、进度、造价负总责。要健全与装配式建筑总承包相适应的发包承包、施工许可、分包管理、工程造价、质量安全监管、竣工验收等制度，实现工程设计、部品部件生产、施工及采购的统一管理和深度融合，优化项目管理方式。鼓励建立装配式建筑产业技术创新联盟，加大研发投入，增强创新能力。支持大型设计、施工和部品部件生产企业通过调整组织架构、健全管理体系，向具有工程管理、设计、施工、生产、采购能力的工程总承包企业转型。

《“十三五”装配式建筑行动方案》(建科〔2017〕77号)在“推行工程总承包”的重点任务中提出：各省(区、市)住房城乡建设主管部门要按照“装配式建筑原则上应采用工程总承包模式，可按照技术复杂类工程项目招投标”的要求，制定具体措施，加快推进装配式建筑项目采用工程总承包模式。工程总承包企业要对工程质量、安全、进度、造价负总责。装配式建筑项目可采用“设计—采购—施工”(EPC)总承包或“设计—施工”(D-B)总承包等工程项目管理模式。政府投资工程应带头采用工程总承包模式。设计、施工、开发、生产企业可单独或组成联合体承接装配式建筑工程总承包项目，实施具体的

设计、施工任务时应由有相应资质的单位承担。

10.4.2 建议

1）建议修改完善招投标和从业资质管理的相关规定

将“分阶段”招标修改为合并招标。对成熟的建筑产业集团核发具有建筑设计、构件生产、施工安装的工程总承包一体化的资质。

2）建议加强工程总承包企业能力的培育和引导

发挥政府引导和扶持功能，提供金融、保险、担保、人才培养、知识产权保护等方面政策支持，培育一批大型企业集团成为装配式住宅工程总承包承担主体。

3）建议加强对设计环节作为产业核心环节的引导和支持

建议政府出台工程总承包优化设计（设计变更）政策法规或指导意见，鼓励EPC承包商优化设计，节约工程建设成本。

4）建议加强推行BIM全产业链应用

当前国内建筑工程，在设计、生产、施工、装修等各阶段、各工种分别都有较深入的BIM应用。但设计阶段的BIM模型及信息如何“无损传递”到生产、施工、装修；如何实现全过程的“协同”“可逆”，尚有很大差距，需要从组织架构、平台搭建、利益共享、知识产权和编码规则等多维度、全方位推进并实现全产业链、全过程的整体应用。装配式建设管理需要实现从设计、生产、施工、运维多方的协同，需要建立一个实现各方协同的信息化管理平台。

附件

附件1　试点城市调研提纲

专题调研一：试点城市调研提纲

（　　　）市装配式住宅调研提纲

一、被调研城市装配式住宅产业现状概述

二、问题调研

序号	问题主题	该问题在被调研城市的现象描述（可列数据、案例等）	政策建议
1	该市装配式住宅产业发展定位是否因地制宜?		
2	钢结构住宅在该市推行中遇到什么困难?		
3	工业化内装在该市推行中遇到什么困难?		
4	设计标准是否需因地制宜?		
5	建设管理流程中存在什么问题?		
6	其他问题，请增列		

附件2　市场主体调研提纲

专题调研二：市场主体调研提纲

一、企业简介

调研一级指标	调研二级指标	调研填报内容
企业类型（可多选，选项：总包、设计、构件生产、施工、内装、监理）	—	
企业名称	—	
企业简介	—	
企业的技术、产品、服务名称及特征	—	
企业现有装配式住宅生产服务能力（单位：m^2）		
企业在建装配式住宅生产服务能力（构件生产类企业填写，单位：m^2）		
企业2017~2020年拟建装配式住宅生产服务能力（单位：m^2）	—	
企业技术、产品、服务实际应用规模或企业实际年产量（单位：m^2）	—	（2010~2016年分年度列出）
企业获取的扶持政策	—	
企业面临的问题及解决方式	—	
企业发展相关诉求	—	
企业典型项目业绩1（可增列）	项目名称	（项目名称及下列内容请列附件）
	项目获奖情况	（请注明，如绿色建筑等奖项）
	项目建设时间	
	项目建筑面积（单位：m^2）	
	该项目结构类型	（选项：混凝土结构、钢结构、木结构）
	是否为总承包模式	（“是”，请列明总承包企业名称；“否”，请填写以下内容）
	设计方名称及简介	
	构件生产方名称及简介	
	施工方名称及简介	
	内装方名称及简介	
	应用的绿色建材	
	该项目特点	
	本企业在该项目中遇到的问题及解决措施	
	本企业就该项目需说明的其他情况	

二、问题及政策建议

序号	问题主题	该问题在被调研企业的现象描述（可列数据、案例等）	政策建议
1	本企业在业务开展中涉及的建设管理流程环节有哪些？遇到什么困难？		
2	本企业的产品、工程等遇到哪些技术推广障碍？		
3	本企业执行设计标准或产品标准中遇到哪些问题？		
4	本企业装配式住宅专业人才或技术工人是否需专业培训？		
5	本企业产品或工程的经济效益或社会效益提升遇到哪些困难？		
6	其他问题，请增列		

参考文献

1. 中国装配式建筑发展报告（2017）[M]. 北京：中国建筑工业出版社. 2017.
2. 大力推广装配式建筑必读 制度 · 政策 · 国内外发展 [M]. 北京：中国建筑工业出版社. 2016.
3. 大力推广装配式建筑必读 技术 · 标准 · 成本与效益 [M]. 北京：中国建筑工业出版社. 2016.
4. 丁成章. 工厂化制造住宅与住宅产业化 [M]. 北京：机械工业出版社，2004.
5. 纪颖波. 建筑工业化发展研究 [M]. 北京：中国建筑工业出版社，2011.
6. 亚太建设科技信息研究院. 国内外保障性住房规划设计与建设改造技术研究报告 [R]，2012.8
7. 保障性住房套型设计及全装修指南 [M]. 北京：中国建筑工业出版社. 2010.
8. 公共租赁住房产业化实践. [M]. 北京：中国建筑工业出版社. 2012.
9. 保障性住房产业化成套技术集成指南 [M]. 北京：中国建筑工业出版社. 2012.
10. 雷超林. 保障房规划设计问题的探讨 [J]. 广西城镇建设，2012（1）.
11. 保障性住房套内空间设计研究 [D]. 清华大学，2012.
12. 济南保障性住房绿色建筑技术研究 [D]. 山东建筑大学，2012.
13. 国内外保障性住房建设的启示——上海保障房（经济适用房篇）设计导则探析 [J]. 上海建设科技. 2012，(5).
14. 居住源自生活的需求——谈保障房社区城市设计. 上海沪闵建筑设计院有限公司.
15. 孙英. 标准化设计工业化建造：优质高效建设保障房 [J]. 中国建设信息. 2012，（19）.
16. 修龙，赵林，丁建华. 建筑产业现代化之思与行 [J]. 建筑技艺，2014（6）.
17. 李南日. 基于 SI 理念的高层住宅可持续设计方法研究 [D]. 大连理工大学，2010.
18. 刘晓春. 城市住宅可持续设计方法研究 [D]. 重庆大学，2012.
19. 保障房规划设计之问（规划篇）[N]. 中国建设报. 2011.9.14（6）.
20. 杨凤斌，张洪光. 住宅工业化——保障房建设的必由之路 [J]. 城市开发，2011（7）.
21. 徐松林，谭宇昂. 万科工业化住宅技术在保障房中的应用 [J]. 建设科技，2011，（10）.
22. 张萍，杨申茂，金胜西. 政策性住房产品线技术体系建构探究 [J]. 建筑学报，2012，8.
23. 吴松. 保障性住房实施住宅产业化的探索 [J]. 工程与建设，2013，27（4）.
24. 刘美霞，王洁凝. 依托住宅产业化推进公租房建设之思 [J]. 城市建筑，2012（1）.
25. 刘美霞. 瑞典可持续发展住宅模式探析 [J]. 城市开发，2008（3）.
26. 封浩. 工业化住宅技术体系研究——基于“万科”装配式住宅设计 [D]. 同济大学，2009.
27. 马俊，吴钢. 中国低密度住宅设计的工业化方向（一）[J]. 百年建筑，2003（8）.

28. 马俊，吴钢. 中国低密度住宅设计的工业化方向（二）[J]. 百年建筑，2003（9）.
29. 马俊，吴钢. 中国低密度住宅设计的工业化方向（二）[J]. 百年建筑，2003（10）.
30. 伍江军，王之旷，王小凡. 保障性住房设计初探——2011 年湖南省保障性住房设计竞赛一等奖获奖作品解析.
31. 刘东卫，许彦淳，陈晔，赵铮. 公共租赁住房的可持续建设模式及设计方法研究——众美地产·北京大兴项目设计实践 [J]. 住宅产业，2011.8.
32. 刘东卫等. “保障性住房工业化设计与建造”主题沙龙. 2011.11.
33. 刘晓钟，吴静，王鹏. 以北京为例探索中国大城市保障性住房设计的可行途径.
34. 关于在保障性住房建设中推进住宅产业化工作任务的通知. 京建发〔2012〕359 号.
35. 装配式剪力墙住宅建筑设计规程 DB11/T 970-2013.
36. 城市居住区规划设计规范 GB 50180-1993.
37. 纪颖波. 我国住宅新型建筑工业化生产方式研究 [J]. 住宅产业，2011（6）.
38. 纪颖波，赵雄. 我国新型工业化建筑技术标准建设研究 [J]. 改革与战略，2013（11）.
39. 刘晓春. 城市住宅可持续设计方法研究 [D]. 重庆大学，2012.
40. 李南日. 基于 SI 理念的高层住宅可持续设计方法研究 [D]. 大连理工大学，2010.
41. 齐宝库，朱娅，刘帅 等. 基于产业链的装配式建筑相关企业核心竞争力研究 [J]. 建筑经济，2015（8）.
42. 北京住总集团积极发展装配式建筑产业化，北京市工程建设质量管理协会，http://www.bjgczl.com.cn/staticpage/periolcontent_2522.html
43. 北京住总集团官网，http://www.bucc.cn/
44. 北京建工集团官网，http://www.bcegc.com/
45. 全国首批实践结构全装配住宅项目——城建装配式建筑展示中心正式亮相，千龙网，http://finance.qianlong.com/2017/1211/2242563.shtml
46. 北京城建集团官网，http://www.bucg.com/
47. 上海建工集团官网，http://www.scg.com.cn/
48. 上海建工集团股份有限公司（全产业链优势详解），http://www.360doc.com/content/17/1031/14/9667630_699720495.shtml
49. 南京建工集团官网，http://www.njncg.cn/
50. 中国建筑第八工程局有限公司官网，http://8bur.cscec.com/
51. 南通华新建工集团有限公司官网，http://www.nthxjgjt.cn/
52. 浙江恒誉建设有限公司官网，http://www.zjhy2004.com/
53. 宏润建设集团股份有限公司官网，http://www.chinahongrun.com/
54. 河南省第二建设集团有限公司官网，http://www.henandr.com.cn/
55. 广东省第一建筑工程有限公司官网，http://www.gdyj.com.cn/

56. 中国建筑设计研究院有限公司官网，http://www.cadri.cn/
57. 中国建筑设计标准研究院官网，http://www.cbs.com.cn/
58. 上海中森建筑与工程设计实际顾问有限公司官网，http://www.johnson-cadg.com/
59. 华阳国际设计集团官网，http://www.rolead.net/case/show/query/49.html
60. 华阳国际：率先完成装配式建筑全产业链布局和产品定制，http://www.360doc.com/content/18/0801/00/36164761_774796768.shtml
61. 远大住宅工业有限公司官网，http://www.bhome.com.cn/
62. 浙江杭萧钢构股份有限公司官网，http://www.hxss.com.cn/
63. 威信广厦模块住宅工业有限公司官网，http://www.amsgroup.com.cn/
64. 和能人居科技有限公司官网，http://www.henenghome.com/
65. 东易日盛集团官网，http://www.dyrs.cn/
66. 苏州科逸住宅设备股份有限公司官网，http://www.chinacozy.com/